畜禽

U0581903

# 微生物应用
# 技术指南

全 国 畜 牧 总 站　　中 国 饲 料 工 业 协 会

国家畜禽养殖废弃物资源化利用科技创新联盟　组编

中国农业出版社

**图书在版编目（CIP）数据**

微生物应用技术指南 / 全国畜牧总站，中国饲料工业协会，国家畜禽养殖废弃物资源化利用科技创新联盟组编. — 北京：中国农业出版社，2017.11
（畜禽粪污资源化利用技术丛书）
ISBN 978-7-109-23348-5

Ⅰ.①微… Ⅱ.①全… ②中… ③国… Ⅲ.①饲养场-废物-废物处理-指南②饲养场废物-资源利用-指南 Ⅳ.①X713

中国版本图书馆CIP数据核字（2017）第224577号

中国农业出版社出版
（北京市朝阳区麦子店街18号楼）
（邮政编码100125）
责任编辑　周锦玉

————————

北京中科印刷有限公司印刷　　新华书店北京发行所发行
2017年11月第1版　　2017年11月北京第1次印刷

————————

开本：850mm×1168mm　1/32　印张：2.5
字数：50千字
定价：10.00元
（凡本版图书出现印刷、装订错误，请向出版社发行部调换）

　　近年来，我国畜牧业持续稳定发展，规模化养殖水平显著提高，保障了肉、蛋、奶供给，但大量养殖废弃物没有得到有效处理和利用，成为环境治理的一大难题。习近平总书记在2016年12月21日主持召开的中央财经领导小组第十四次会议上明确指出，"加快推进畜禽养殖废弃物处理和资源化，关系6亿多农村居民生产生活环境，关系农村能源革命，关系能不能不断改善土壤地力、治理好农业面源污染，是一件利国利民利长远的大好事。"

　　为深入贯彻落实习近平总书记重要讲话精神，落实《畜禽规模养殖污染防治条例》和国务院有关重要文件精神，加快构建种养结合、农牧循环的可持续发展新格局，做好源头减量、过程控制、末端利用三条治理路径的基础研究和科技支撑工作，有力促进畜禽养殖废弃物处理与资源化利用，国家畜禽养殖废弃物资源化利用科技创新联盟组织国内相关领域的专家编写了《畜禽粪污资源化利用技术丛书》。

　　本套丛书包括《养殖饲料减排技术指南》《养殖节水减排技术指南》《畜禽粪肥检测技术指南》《微生

物应用技术指南》《土地承载力测算技术指南》《碳排放量化评估技术指南》《粪便好氧堆肥技术指南》《粪水资源利用技术指南》《沼气生产利用技术指南》9个分册。

本书为《微生物应用技术指南》，讲述了微生物技术在畜禽养殖废弃物处理与资源化利用中的应用，从源头减量利用开始，使用微生物发酵饲料和微生物菌剂调节畜禽肠道微生物菌群，到圈舍环境臭气控制、粪水深度厌氧发酵和堆肥好氧发酵等方面进行技术介绍，可为养殖场、养殖户科学选择畜禽养殖废弃物处理菌种，建立正确配套工艺，快速掌握畜禽养殖废弃物高效处理技术提供指导。

书中不妥之处在所难免，敬请读者批评指正。

编　者

2017年7月

# 目　录
CONTENTS

# 1

总则

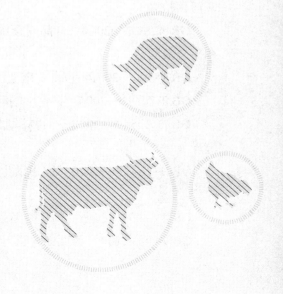

## 1.1 适用范围

本指南适用于所有养殖场粪污处理中微生物菌种使用指导，畜禽养殖种类以猪、牛、鸡三大类畜禽为主，其他畜禽养殖品种可参照执行。

## 1.2 规范性引用文件

下列文件中的条款通过本指南的引用而成为本指南的条款。凡是注明日期的引用文件，其随后所有的修改单（不包括勘误的内容）或修订版均不适用于本指南，然而鼓励根据本指南达成协议的各方研究是否使用这些文件的最新版本。凡是不注明日期的引用文件，其最新版本适用于本指南。

GB 20287—2006    农用微生物菌剂

GB 4789.35—2010    食品安全国家标准食品微生物学检验乳酸菌检验

GB 4789.2—2010    食品安全国家标准食品微生物学检验菌落总数测定

GB 18596—2001    畜禽养殖业污染物排放标准

GB/T 20191—2006    饲料中嗜酸乳杆菌的微生物学检验

GB/T 22547—2008    饲料添加剂饲用活性干酵母（酿酒酵母）

GB/T 26428—2010    饲用微生物制剂中枯草芽孢杆菌的检测

GB/T 13093—2006    饲料中细菌总数的测定

GB 7959—2012    粪便无害化卫生标准

GB/T 14848—1993　地下水质量标准

GB 5750—2006　生活饮用水标准检验方法

GB/T 14678—1993　空气质量硫化氢、甲硫醇、甲硫醚和二甲二硫的测定气相色谱法

GB 11742—1989　居住区大气中硫化氢卫生检验标准方法　亚甲蓝分光光度法

GB/T 14675—1993　空气质量　恶臭的测定　三点比较式臭袋法

GB 8978—2002　污水综合排放标准

GB 15618—2008　土壤环境质量标准

NY 525—2012　有机肥料

NY 1107—2010　大量元素水溶肥料

NY 609—2002　有机物料腐熟剂

NY/T 2722—2015　秸秆腐熟菌剂腐解效果评价技术规程

NY/T 1461—2007　饲料微生物添加剂 地衣芽孢杆菌

NY/T 2218—2012　饲料原料　发酵豆粕

HJ/T 164—2004　地下水环境监测技术规范

HJ/T 166—2004　土壤环境监测技术规范

HJ 534—2009　环境空气　氨的测定　次氯酸钠–水杨酸分光光度法

NY/T 883—2004　农用微生物菌剂生产技术规程

HJ/T 415—2008　环保用微生物菌剂环境安全评价导则

SN/T 2632—2010　微生物菌种常规保藏技术规程

DB34/T 803—2008　固态菌种生产技术规程

DB34/T 802—2008　液态菌种生产技术规程

NY/T 1444—2007　微生物饲料添加剂技术通则

# 2

饲用微生物
菌剂应用

　　饲用微生物菌种农业部公布目录有7大类：乳酸菌类、双歧杆菌类、芽孢杆菌类、酵母类、霉菌类、光合细菌类和丙酸杆菌类。实际使用常见菌种有3大类，即乳酸菌类、芽孢杆菌类和酵母类，主要用于畜禽等的饮水、拌料、全价料和饲料原料发酵，旨在改善动物肠道菌群、提高动物机体免疫力、提高饲料消化利用率，同时减少粪污排泄量、臭气排放量，实现源头减排，降低粪污处理压力。

## 2.1 饲用微生物菌剂应用范围

　　饲用微生物菌剂应用范围见表2-1。

表2-1　饲用微生物菌剂应用范围

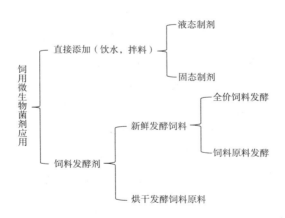

## 2.2 饲用微生物菌剂应用方法

　　目前饲用微生物菌种应用分为菌剂直接使用和发酵饲料使用两大类型。菌剂使用分为液态制剂使用和固态制剂使用；

发酵饲料使用分为新鲜发酵饲料使用和烘干发酵饲料使用，全价发酵饲料和原料发酵饲料。

## 2.2.1 菌剂直接使用

常见菌种有枯草芽孢杆菌、地衣芽孢杆菌、粪肠球菌、屎肠球菌、嗜酸乳杆菌、干酪乳杆菌、植物乳杆菌、酿酒酵母等，实际应用中多为几种菌种复配而成。

### 2.2.1.1 菌剂饮水使用

菌剂饮水通常以液态制剂形式与猪、禽饮水混合，具有抗应激、调节菌群、改善粪便状态、控制环境臭气等功效。液体制剂具有使用方便、见效快特点，但是保存期较短。

饮水菌剂通常有液态制剂和固态制剂两大类，均为混合菌种，大部分情况是单一菌种发酵后复配而成，有时也会直接进行混合菌种发酵形成复合菌剂产品。液态剂型产品的有效活菌数一般为（1～8）×10$^9$CFU/mL（10亿～80亿CFU/mL），常温保质期6个月；固态剂型产品的有效活菌数一般也为（1～8）×10$^9$CFU/mL（10亿～80亿CFU/mL），常温保质期12个月，超过保质期，产品有效活菌数会明显下降，使用效果受到影响。

饮水菌剂的重要特点之一是与水有很好的互溶性，但是值得一提的是，无论液态剂型还是固态剂型，与水混合后绝不会出现清澈透明的现象。如果是清澈透明的，则说明产品中无微生物的存在，产品是不合格的。溶于水后的正常现象是无明显固体块状或者絮状沉淀，呈均匀的混浊状态，混浊物即微生物菌体。饲用微生物菌剂用于饮水时，一定要现用现配，尽快饮用完毕，不得长久存放，存放时间冬季不超过3d，夏季不超过1d。饮用菌剂的水箱和水线必须定期清洗，以防杂菌滋生、污染水线，造成畜禽染病。用于畜禽直接饮水时的有效活菌数控制在（1～8）×10⁶CFU/mL（100万～800万CFU/mL）范围内即可产生效果，如果有特殊消毒或者畜禽腹泻感染严重的情况，在正常使用药物的同时，可以加倍（最多5倍）使用饮水菌剂。无论是液态剂型产品还是固态剂型产品，稀释1 000倍加入饮水，拌匀后进入水线供畜禽饮用即可。

表2-2　不同剂型规格饮水菌剂产品的市场报价

| 剂　型 | 规　格（CFU/mL） | 菌　种 | 市场均价（元/kg） |
|---|---|---|---|
| 液态 | $10^9$ | 复合（乳酸菌、芽孢杆菌、酵母菌） | 20～35 |
| 固态 | $10^9$ | 复合（乳酸菌、芽孢杆菌、酵母菌） | 25～55 |

#### 2.2.1.2 菌剂拌料使用

菌剂拌料通常有液态制剂和固态制剂两种剂型，均为混合菌种，大部分情况是单一菌种发酵后复配而成，有时也会直接进行混菌种发酵形成复合菌剂产品。液态剂型产品的有效活菌数在（1～8）×10⁹CFU/mL（10亿～80亿CFU/mL）范围内，由发酵水平和成本所限，基本不会达到1×10¹⁰CFU/mL（100亿CFU/mL）；常温保质期最多6个月，超过6个月，则有效活菌数显著下降，产品效果几乎消失。固态剂型产品的有效活菌数，视工艺不同可以达到（1～8）×10¹⁰CFU/g（100亿～800亿CFU/g）甚至1×10¹¹CFU/g（1 000亿CFU/g）以上。常温保质期视工艺不同最多可以达到12个月，主要针对经过制粒和微胶囊包被后低温干燥产品，以及经过喷雾干燥的芽孢杆菌产品；对于经过真空冷冻干燥的乳酸菌产品，常温保质期最多只有3个月，大部分乳酸杆菌，例如嗜酸乳杆菌、干酪乳杆菌和植物乳杆菌，发酵后处理通常采用的都是真空冷冻干燥工艺，这种工艺非常适合用于干燥乳酸杆菌类产品，有效活菌数可以保持在$1 \times 10^{11}$CFU/g以上，但是这类产品必须保存在$-18℃$以下条件中，否则活菌数损失很快，而在$-18℃$以下保存，保质期可达到2年。对于终端养殖用户来说，使用有效活菌数为（$1\sim8$）$\times 10^{9}$CFU/mL的液态制剂和（$1\sim8$）$\times 10^{9}$CFU/g的固态制剂即可；对于饲料厂和生产终端产品的微生态制剂厂家，可以使用有效活菌数为（$1\sim8$）$\times 10^{10}$CFU/g和$1 \times 10^{11}$CFU/g的固态制剂，其中有效活菌数为（$1\sim8$）$\times 10^{10}$CFU/g的固态制剂既有单一菌种，也有复合菌种，有效活菌数为$1 \times 10^{11}$CFU/g的固态制剂通常为单一菌种，它们作为原料菌粉用于配制含有饲用微生物的饲料和用于终端养殖户的微生态制剂产品，不适合直接用于养殖端用户。

液态制剂拌料后形成湿拌料，含水量可以保持到30%～70%，依据动物日龄和实际使用的适口性而定，湿拌料的主要作用是提高饲料适口性、增加动物采食量，提高饲料消化利用率。为了节省养殖成本，湿拌料主要适合用于妊娠母猪、哺乳母猪和保育猪，生长猪和育肥猪没有必要使用。与饮水菌剂一样，用于湿拌料时有效活菌数控制在每克湿拌料重$1 \times 10^{6}$CFU即可，也可以先用饮水将菌剂稀释后再用于拌料，拌料时尽量保证菌液和饲料混合均匀。由于湿拌料含水量较高，为了保证湿拌料不发生霉变，应现用现配，当天吃完，不得过量饲喂。料槽必须定期清洗，以防杂菌滋生、污染料槽，造成畜禽染病。

固态制剂拌料后形成干拌料，主要特点是活菌数高，长期使用可以彻底改善肠道菌群，提高畜群整体健康水平，减少粪便排泄量，使用方便；不足在于固态菌剂的菌种处于休眠状态，饲喂动物后在肠道定植和产生效果的时间较长，建议长期使用。用于干拌料时有效活菌数控制在每克基础日粮 $1 \times 10^6$CFU，所以对于终端养殖用户而言，使用的固态制剂有效活菌数通常为（1～8）$\times 10^9$CFU/g，拌料时直接稀释 1 000 倍添加即可；对于饲料厂和微生态制剂厂家，如果购买的固态菌剂产品是标注有效活菌数为（1～8）$\times 10^{10}$CFU/g 和 $1 \times 10^{11}$CFU/g 的原料菌剂，则需要进行逐级稀释后配成全价料或者微生态制剂产品。为了保证固态菌剂与饲料充分混合，要求饲料是粉状料；如果养殖场饲喂的是颗粒料，则先粉碎，再拌料。值得注意的是，市场上有很多厂家声称自己的菌剂产品可以耐受饲料的高温制粒，这样用户只需直接购买含有饲用微生物的颗粒饲料即可，但是实际情况是，只有枯草芽孢杆菌、地衣芽孢杆菌、凝结芽孢杆菌和丁酸梭菌等产芽孢细菌在成为芽孢状态时可以耐受饲料的高温制粒，除此之外，其他种类的饲用微生物菌种，尤其是乳酸菌类产品，还没有突破耐高温制粒工艺，无法以高活性状态存在于颗粒饲料中，即使标注添加，有效活菌数已经很低，无法发挥功效，因此不建议购买此类产品。

对于规格为 $1 \times 10^{11}$CFU/g 的产品，通常为单一菌剂，价格根据菌种类别、后处理方式、生产成本的不同有很大差别。例如乳酸杆菌，大多数情况下均采用真空冷冻干燥工艺，成

本很高，但是不同乳酸杆菌的生产成本又会不同，所以价格
会在2 000～6 000元/kg波动。乳酸球菌的后处理工艺包括低温
干燥和真空冷冻干燥，低温干燥的产品活菌数偏低，但是生
产成本低，所以价格也很低，大概为500～1 000元/kg；若购买
真空冷冻干燥的产品，活菌数可达到$6 \times 10^{11}$CFU/g（6 000亿
CFU/g），价格可以增至2 000元/kg。而对于芽孢杆菌，后处理
可以采用规模化高温喷雾干燥工艺，生产成本大大降低，因
此价格远低于乳酸菌。

表2-3　不同剂型规格拌料菌剂产品的市场报价

| 剂　型 | 规格<br>（CFU/mL） | 菌　种 | 市场均价<br>（元/kg） |
|---|---|---|---|
| 液态 | $10^9$ | 复合（乳酸菌、芽孢杆菌、酵母菌） | 20～35 |
| 固态 | $10^9$ | 复合（乳酸菌、芽孢杆菌、酵母菌） | 25～55 |
| | $10^{10}$ | 复合（乳酸菌、芽孢杆菌、酵母菌） | 25～35 |
| | | 酵母菌 | 20～30 |
| | $10^{11}$ | 乳酸杆菌 | 2 000～6 000 |
| | | 乳酸球菌 | 500～2 000 |
| | | 芽孢杆菌 | 60～80 |

## 2.2.2 发酵饲料使用

　　发酵饲料具有益生元和益生素双重功能作用，不仅含有微
生物菌种，而且含有微生物发酵产生的代谢产物，效果稳定，

作用显著。按照活性，发酵饲料可以分为新鲜发酵饲料和烘干发酵饲料；按照原料来源，发酵饲料可以分为全价发酵饲料和原料发酵饲料。新鲜发酵饲料效果明显好于烘干发酵饲料。

#### 2.2.2.1 新鲜发酵饲料

（1）畜禽新鲜发酵饲料

养殖场可以利用发酵饲料菌剂自制新鲜发酵饲料（全价饲料和饲料原料的制作方法一致），方法如下：

①发酵饲料菌剂的选择：选择明确标注菌种组成和活菌数的发酵剂产品常见菌种与直接使用的菌剂产品所用菌种一致：枯草芽孢杆菌、地衣芽孢杆菌、粪肠球菌、屎肠球菌、嗜酸乳杆菌、干酪乳杆菌、植物乳杆菌、酿酒酵母等，实际应用中多为几种菌种复配而成。用于发酵饲料的菌剂产品的有效活菌数无需太高，保持在（1～8）× $10^9$ CFU/mL（10亿～80亿CFU/mL）即可，使用时发酵饲料的初始活菌数维持在 $[1 \times (10^6 \sim 10^7)]$ CFU/mL即可，因为发酵菌剂使用时需要活化，发酵过程中菌种在不断增殖。

②菌剂活化方法：根据发酵饲料菌剂的剂型和操作方式不同，分为两种活化方法。

【方法一】液体发酵罐发酵活化，养殖场可以配备一套简易发酵罐，具有保温、灭菌和搅拌功能，发酵罐大小建议为100～200L，基本可以满足不同规模养殖场的需求，以下为具体操作流程。

a.罐体灭菌：向发酵罐中加入自来水，加水量为罐体积的80%，密封，开启加热系统，使得罐内温度达到100℃，维持60min，然后停止加热，待发酵罐冷却至室温，将自来水排干净。

b.培养基灭菌：重新加入80%罐体积的自来水，按比例加入菌剂活化所需的培养基原料，搅拌，待溶解后，调节培养基pH至菌种适宜生长的条件（6.0～7.0），开启加热系统，使得罐内温度达到100℃，维持60min，然后停止加热，待发酵罐冷却至菌种适宜发酵温度（一般为30～37℃）后，开启保温系统。

c.接种发酵饲料菌剂：按照发酵饲料菌剂产品说明书上标注接种剂量从接种口无菌接入发酵饲料菌剂，密封，开启搅拌系统。

d.发酵：发酵过程持续12～24h，通过测定发酵液pH确定发酵结束时间，如果发酵成功，发酵液pH将从6.0～7.0降至3.5～4.5，此时发酵结束。

e.放罐：发酵结束后，停止搅拌，关闭保温系统，将发酵液接至储液桶中，待接种。

【方法二】由于干燥的微生物细胞处于一种休眠状态，如果直接接种于发酵原料，细胞从休眠状态苏醒，再进入活性发酵状态需要较长的时间，甚至会因为生长缓慢导致杂菌快速生长，致使发酵失败，因此，固态剂型发酵饲料菌剂需要提前进行活化处理，以下为具体操作流程（按发酵1t干物质）。

a.在25kg塑料桶内配置温水（40℃左右）20kg，加入200g

图2-1　液态发酵罐菌剂活化工艺流程

图2-2　简易液态发酵罐

红糖，充分溶解后，将一定量发酵饲料菌剂（添加量根据产品说明书标注）加入塑料桶中，搅拌均匀，拧紧盖。

　　b.室温（25℃以上）放置2～4h即可使用。期间，每隔1h可搅拌一次，以加快菌种活化速度。

　　c.活化可能导致桶鼓胀，松开桶盖，需缓慢地放出气体，拧紧即可。

　　③发酵原料的选择：以发酵饲料原料为例加以说明，发酵全价料时类同。

表2-4　发酵原料的种类及选择范围

| 原料种类 | 原料列举 |
| --- | --- |
| 谷物类 | 大麦、高粱、小麦、麸皮、米糠、大米抛光粉等 |
| 副产品 | 木薯粉、豆腐渣、粉丝渣、蘑菇渣、马铃薯渣等 |
| 纤维素类 | 植物秸秆、花生秧、麦秸秆等 |

发酵饲料原料以干物质为基准（根据发酵量相应比例增

减）。其中，能量原料需大于5%（如玉米粉、麸皮等），发酵全价日粮饲料时，须保证不含抗生素。

表2-5　原料配比举例（以发酵豆粕为例）

| 原料名称 | 重量（kg） |
| --- | --- |
| 豆粕 | 900 |
| 玉米粉 | 50 |
| 麸皮 | 50 |

④饲料发酵操作流程：

a.混料：将原料按比例混合均匀，然后加入活化后的菌液和40℃左右的温水，充分搅拌均匀。水的添加量根据发酵原料干湿度而定，水多易酸，少则发酵不透；以手握成团，指缝见水但不滴水珠，松手即散为最佳；含水量控制在35%～40%。

b.发酵：将搅拌均匀后的原料与菌液的混合物，装入干净的塑料桶或塑料袋（呼吸膜型最好）内，压实装满并排除空气，密封，切记勿将桶或袋弄破。根据养殖场条件，也可采用罐式发酵，即将物料投入固体发酵罐中，密封，开启搅拌系统和保温系统。购置发酵罐投资稍大，但节省人工。发酵最适温度为20～30℃，若室内温度小于15℃，则应采取增温措施；如使用固体发酵罐，温度则不受气温影响。一般发酵时间3～4d，待物料具有酸香略带醇味、发软即可。发酵过程中出现塑料袋或塑料桶胀气，为微生物发酵产气，属于正常现象。发酵效果评定：随机打开袋子或桶或者停止发酵罐运行，取出发酵料，观察颜色新鲜，质地柔软，稍黏，带酸香味，无臭味氨味，pH为4.2～5.0（pH测定：取1g物料加入10mL自来水中，混悬后，用pH试纸测定），显微镜检查无杂菌，有效活菌数为（1～2）×10$^9$CFU/g。

发酵饲料可以在阴凉、干燥、密封条件下保存2～3个月。

上述菌剂活化及饲料发酵工艺的操作具有一定的专业性，

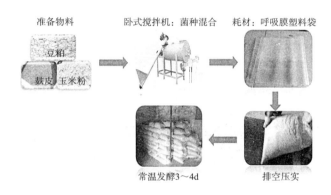

准备物料　　卧式搅拌机：菌种混合　　耗材：呼吸膜塑料袋

豆粕　麸皮　玉米粉

常温发酵3～4d　　排空压实

图2-3　饲料发酵工艺流程图

图2-4　塑料桶发酵

图2-5　罐式发酵

实际操作时，建议由发酵饲料菌剂公司的专业技术人员为用户提供现场培训，用户安排专人进行学习和实际操作。

⑤饲喂方法：见表2-6、表2-7。

表2-6　现场发酵新鲜饲料的使用方法

| 饲喂对象 | 饲喂阶段 | 添加比例（%） |
|---|---|---|
| 猪 | 妊娠期 | 5～10 |
| | 哺乳期 | 10～15 |
| | 保育期 | 5～10 |
| | 育肥期 | 10～50 |
| 蛋禽 | 产蛋期 | 3～5 |
| | 育成期 | 3～5 |
| 肉禽 | 全期 | 2～5 |

注：添加比例以发酵饲料干物质计等量替换；逐量添加，3～5d过渡；若发酵饲料过酸，则添加0.3%～0.6%小苏打；若料线投喂，添加量不宜超过5%；为了保证发酵饲料与全价料混合均匀，建议养殖场使用粉状饲料。

表2-7　发酵饲料菌剂的市场报价

| 剂　型 | 规格（CFU/mL） | 菌　种 | 市场均价（元/kg） |
|---|---|---|---|
| 固态 | $10^9$ | 复合（乳酸菌、芽孢杆菌、酵母菌） | 50～80 |

注：乳酸菌活性高的菌剂，发酵效果好，价格偏高；酵母菌活性高的菌剂，发酵效果差，价格偏低。

（2）反刍青贮饲料

针对牛羊等反刍动物，饲用微生物菌剂主要用于牧草、秸秆等的青贮处理，不建议用于饮水、拌料，原因是效果不显著。青贮饲料就是利用微生物菌种，分解青饲料中的粗纤维，使小肽水平提高、乳酸等有机酸含量增加，从而显著提高饲料消化率，减少牛羊等反刍动物的废气排放量。青贮饲料也是一种新鲜发酵饲料，与畜禽饲料发酵相比，规模更大，发酵周期更长。

常见菌种包括布氏乳杆菌、副干酪乳杆菌、嗜酸乳杆菌、植物乳杆菌、发酵乳杆菌等乳酸菌，实际应用时由这些菌种的几种经复配而成。饲料青贮的过程是一个典型的厌氧发酵过程，主要是牧草、秸秆等青贮原料经过切碎、压实、密封后形成厌氧环境，接种的乳酸菌可以迅速增殖发酵，分解糖类后产生大量乳酸，使得饲料呈弱酸性（pH 3.5～4.2），从而有效抑制其他微生物生长。最后，乳酸菌也被自身产生的乳酸抑制，发酵过程停止，饲料进入稳定储藏。但此时原料中的糖分等营养成分损失还不大，同时产生的二氧化碳进一步排除空气，利于储藏过程的进行。

①青贮饲料制作方法：

a.收割：无论是玉米秸秆还是牧草原料，都要适时收割，以保证最大限度存留营养物质。

b.切碎：为了便于混合、压实、密封等操作，必须将收割的原料切碎，如将玉米秸秆切碎到长1～2cm、牧草切碎到长3～5cm。

c.加入菌种和添加剂：为了保证发酵快速启动，减少杂菌污染概率，切碎的原料中一方面需要加入高活性的青贮饲料发酵菌剂，另一方面还需加入一些可溶性碳水化合物，有些情况下，甚至还需加入淀粉酶和纤维素酶、尿素、硫酸铵、氯化铵等铵化物等。

d.装填和贮存：贮存即青贮或者发酵过程。通常可以采用窖藏或袋装等方法。装窖前，底部铺10～15cm厚的秸秆，以便吸收液汁。窖四壁铺塑料薄膜，以防漏水透气，装时要踏实，可用推土机碾压，人力夯实，一直装到高出窖沿60cm左右，即可封顶。封顶时先铺一层切短的秸秆，再加一层塑料薄膜，然后覆土拍实。四周距窖1m处挖排水沟，防止雨水流入。窖顶有裂缝时，及时覆土压实，防止漏气漏水。袋装法须将袋口张开，将青贮原料装入专用塑料袋，用手压和用脚踩实压紧，直至装填至距袋口30cm左右时，抽气、封口、扎紧袋口。

②制作的技术要点：

a.青贮菌剂活性要强，接种后可以迅速活化繁殖。

b.装填和压实的步骤非常关键，应尽可能将空气完全排出。

c.添加剂加量要适宜，含水量控制在65%～75%，料温25～35℃，超过50℃会导致青贮料腐败变质。适宜条件下，青贮周期为40～60d。

③青贮饲料的使用：

a.青贮饲料含较多的有机酸，有轻泻作用，开始要让家畜逐渐习惯口味。

b.饲喂前要对制作的青贮饲料进行严格的品质评定，保证气味酸香，无腐败变质现象。

c.已开窖的青贮饲料要合理取用，妥善保管，每次取用后应该随时密封，尽量减少其与空气接触。

d.饲喂肉牛时要喂量适当，均衡供应。

### 2.2.2.2 烘干发酵饲料

烘干发酵饲料通常是由专业的发酵饲料生产厂家利用发酵饲料菌剂在工业化条件下大规模生产的一种发酵饲料商品。发酵原理和发酵工艺与发酵新鲜饲料基本一致，最大的区别是发酵结束后，为了便于运输、保存，需要经过干燥处理。干燥工艺大致有流化床干燥、喷雾干燥等。发酵的原料以质量稳定、货源充足的豆粕为主。干燥处理后，发酵饲料中基本很少有活性菌种存在，饲喂后，动物主要利用的是菌种发酵原料后的代谢产物，效果有限。使用方法和添加剂量参见厂家说明书，为了保证商品质量，建议使用正规厂家的有批号的产品。

## 2.2.3 饲用微生物评价方法

### 2.2.3.1 菌剂评价方法

饲用微生物常见菌种包括枯草芽孢杆菌、地衣芽孢杆菌、嗜酸乳杆菌、植物乳杆菌、发酵乳杆菌、产朊假丝酵母、酿酒酵母等，实际应用时由这些菌种的几种复配而成。为了保证发酵完全，适口性好，饲料微生物菌剂通常同时含有芽孢杆菌、乳酸菌和酵母菌中的至少一种，兼具好氧发酵和兼性厌氧发酵功效，其中芽孢杆菌主要执行好氧发酵过程，可以分泌大量蛋白酶、脂肪酶、纤维素酶等，负责将大分子化合物降解为小分子化合物，然后由酵母菌和乳酸菌执行厌氧发酵过程，进行无氧呼吸作用将小分子物质转化为有机酸、小肽和改善适口性的风味化合物，从而实现改善饲料品质、提高饲料消化利用率，进而降低饲料成本、提高生产性能、改善肉蛋品质。

大量研究表明，长期饲喂发酵豆粕或者添加有发酵饲料的全价饲料的日粮，对于畜禽养殖过程中提高生产性能、减少臭气排放、降低粪便排泄量、降低饲料成本、改善肉蛋品质等方面的效果远远好于直接饲喂微生物菌剂的效果。

发酵饲料菌剂产品实际上是一种微生物发酵剂，与直接饲喂的饮水菌剂和拌料菌剂产品是不同的。发酵饲料菌剂产品并不是要求有效活菌数越高越好，而是要求发酵活性越高越好。所谓发酵活性，就是菌剂易活化，接种至发酵原料中生长迅速，对原料的转化速度快，各项发酵指标适宜。

目前市场上常见剂型为固态制剂，通常标注活菌数在（1～8）×$10^9$CFU/g（10亿～80亿CFU/g）范围内。添加量视菌种活性不同有所不同，一般每吨饲料需要使用固态菌剂500～1 000g，视具体产品而定。用于发酵饲料前菌剂需要经过一次活化过程，才能接种至饲料中进行发酵。菌剂中菌种的组成对发酵效果有很大影响，乳酸菌占比高、活性强，发酵饲料具有酸香味，有机酸含量和种类丰富，发酵饲料的适口性好，益生功效强；酵母菌占比高、活性强，发酵饲料醇味较大，适口性差，益生功效稍差。

2.2.3.2 发酵饲料评价方法

新鲜发酵饲料评价方法：颜色新鲜；质地柔软，稍黏；气味酸香味，无臭味氨味，略带醇味，pH 4.2～5.0（pH测定：取1g物料加入10mL自来水中，混悬后，用pH试纸测定），显微镜检查无杂菌，有效活菌数为（1～2）×$10^9$CFU/g。

烘干发酵饲料评价方法：参考《饲料原料　发酵豆粕》（NY/T 2218—2012）。

# 3

畜禽粪便堆肥发酵
菌剂应用

畜禽粪便发酵菌剂能够缩短堆肥发酵时间，有效杀灭畜禽粪便中的病原菌、虫卵和草籽等，并能够实现定向发酵将其转化为安全无害的有机肥料，因此被广泛应用于畜禽粪便的资源化处理过程中。然而不同来源的畜禽粪便有机物料组成成分存在较大差异（如：牛粪中纤维素含量较高，鸡粪中残留蛋白和淀粉较多），以及存在抗生素、重金属残留等问题。因此，选用堆肥发酵菌剂时，应充分考虑菌剂的功能，合理地选用专业发酵菌剂，定向、高效、高质量地完成畜禽粪便资源化利用。

## 3.1 畜禽粪便堆肥发酵菌剂应用范围

畜禽粪便堆肥发酵菌剂应用范围见表3-1。

表3-1　畜禽粪便堆肥发酵菌剂应用范围

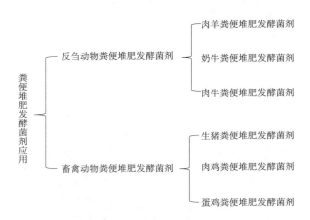

## 3.2 反刍动物堆肥发酵菌剂

肉牛、奶牛粪便中含有大量的纤维素，而且含有一定量残留蛋白，是一种很好的有机肥资源。但是自然堆肥很难降解纤维素、木质素等大分子有机物，同时反刍动物粪便中黏性物质较多，影响通透性、发热和堆肥腐熟效果。目前市场已经开发出一种针对牛粪堆肥发酵的复合功能微生物菌剂。

## 3.2.1 菌剂的组成及制备

### 3.2.1.1 菌剂组成

反刍动物堆肥发酵菌剂主要由纤维素降解菌株、固氮菌株和解磷菌株三种功能性微生物组成，其中纤维素降解菌株主要包括黑曲霉（*Aspergillus niger*）、团青霉（*Penicillium commune*）。固氮菌株主要包括大豆根瘤菌（*Rhizobium japonicum*）、斯氏假单胞菌（*Pseudomonas stutzeri*）。解磷菌株主要包括巨大芽孢杆菌（*Bacillus megaterium*）、草酸青霉（*Penicillium oxalium*）。且各菌株之间协同互补。

### 3.2.1.2 菌剂制备

黑曲霉、团青霉、草酸青霉菌种活化后接种至马铃薯葡萄糖固体培养基（potato dextrose agar medium，PDA）上，37℃培养3～5d，待菌落长满平板，采用直径为9mm的打孔器移取菌块至马铃薯葡萄糖液体培养基中，37℃160 r/min摇床振荡培养5d后，1 000r/min离心10min，将菌体沉淀用0.9%的生理盐水稀释至$1 \times 10^8$CFU/mL。大豆根瘤菌、斯氏假单胞菌和巨大芽孢杆菌菌种活化后，挑取单菌落接种至LB液体培养基中，37℃160r/min摇床振荡培养3d后，10 000 r/min离心10min，将菌体沉淀用0.9%的生理盐水稀释至$1 \times 10^8$CFU/mL。

将上述菌株按等比例进行组合即复合菌剂，且产品技术指标及无害化指标均符合《有机物料腐熟剂标准》（NY 609—2002）。

### 3.2.2 应用方式

将牛粪与辅料（秸秆、稻草等）按体积约4∶1的比例搅拌混合均匀，然后按每千克堆肥物料（干重）10mL的比例添加牛粪专用腐熟菌剂，混合均匀，调节水分50%～60%、控制pH 6.5～7.0，堆成宽1.5～2m、高0.8～1m的堆体、条垛或者槽式，长度不限。待发酵温度升高至50℃即开始翻堆，之后根据发酵进程每天翻堆1～2次，直至堆肥结束。

### 3.2.3 配套工艺技术

成功的堆肥受堆肥原料、水分、碳氮比等多种因素的影响和制约。合理的堆肥条件有利于堆肥的正常运行，同时可以充分发挥专用腐熟菌种的作用。

#### 3.2.3.1 堆肥原料

堆肥前应尽量剔除牛粪中大的杂质，如砖头、树枝等。破碎牛粪中较大的结块。填充料如玉米秸秆、稻草等切碎成1～3cm。一方面有利于调节碳氮化（Carbon nitrogen ratio，C/N）适合专用菌种充分分解有机物；另一方面有利于调节水分和容重，方便补充氧气、消除厌氧状态，加速专用腐熟菌种的作用。

#### 3.2.3.2 水分

堆肥启动前，应保证堆肥混合物适当的水分含量，以50%～60%为宜，过高或过低的水分都不利于堆肥的运行。若牛粪水分含量高于80%，则应置于户外曝晒和风干1～2d（夏秋季）；若水分过低时（＜30%），可适当地补充水分。一般情况下，堆肥发酵物料水分可结合干辅料添加配比进行调节，当堆肥高温期过后，可根据情况适当补充水分，以便于充分腐熟。

### 3.2.3.3 碳氮比（C/N）

适当的碳氮比（C/N）是堆肥进行正常生物降解反应的前提，当未添加填充料或添加量不足时，在堆肥物料中添加适当的砻糠、秸秆粉、草粉等能够有效调节碳氮比（C/N），从而促进堆肥腐熟。碳氮比（C/N）一般控制在（15～20）：1。

## 3.2.4 使用效果评价

### 3.2.4.1 堆肥腐熟度评价指标

虽然国内外在堆肥腐熟度评价方面已经进行了广泛而且深入的研究，但仍然没有形成一种公认的堆肥腐熟度指标。目前较为常用的腐熟度评价指标主要包括物理学指标、化学指标和生物学指标三类。

（1）物理学指标

物理学指标指堆肥过程中一些变化比较直观的性质，如温度、气味和颜色等。

①温度：堆肥过程中的温度变化可分为三个明显阶段。

升温阶段：堆肥启动后堆体温度迅速升高，短时间内即可上升到55℃以上，随后进入高温阶段。高温阶段：高温阶段是堆肥物料中有机质快速分解的主要阶段，一般温度可达到60～7℃，并维持较长时间。

腐熟阶段：随着堆体中有机物被耗尽，堆体温度逐渐下降。该阶段主要是碳氮物质的矿化过程，最后堆体温度与环境温度趋于一致。由于堆体为非均相体系，其各个区域的温度分布不均衡，限制了温度作为腐熟度定量指标的应用，但其仍是堆肥过程最重要的常规检测指标之一。

②气味：堆肥原料具有令人不快的气味，且在堆肥过程中会产生$H_2S$、$NH_3$、$NO$等难闻气体，而在良好的堆肥过程中，这种气味会逐渐减弱并在堆肥结束后完全消失，堆肥终产品略带有腐殖土和潮湿泥土的芳香气味，因此气味也可以作为堆肥腐熟的一个评价标准。

③颜色：堆肥过程中堆料逐渐发黑，腐熟后的堆肥产品呈黑褐色或黑色。因此，检测堆肥产品的颜色可以作为评价堆肥腐熟的一个指标，但使用该方法时要注意取样的代表性，同时要考虑到原料成分的影响。

总体来说，物理指标虽然简便、直观，但是难以定量表征堆肥过程中堆肥成分的变化，不易定量说明堆肥腐熟度，因此，更适用于现场堆肥的腐熟评价。

（2）化学指标

化学指标指堆肥过程中能够被定量检测出的化学成分或化学性质，如pH、电导率（electroconductibility，EC）、有机质、碳氮、有机酸和腐殖化指标等。

①pH和电导率（EC）：许多研究者提出，pH可以作为评价堆肥腐熟度的一项指标。堆肥原料或发酵初期，多为弱酸性到中性，pH一般为6.5～7.5。腐熟的堆肥一般呈弱碱性，pH为8～9。电导率（EC）反映了堆肥浸提液中的离子总浓度，

即可溶性盐的含量。堆肥中的可溶性盐是对作物产生毒害作用的重要因素之一，主要是由有机酸盐类和无机盐等组成。研究表明，堆肥EC小于9.0ms/cm时，对种子发芽没有抑制作用。但pH和EC易受堆肥原料的影响，因此只能作为堆肥腐熟度的一项参考指标。

②有机质：在堆肥过程中，堆料中的有机质含量变化十分显著，堆料中的不稳定有机质可分解转化为二氧化碳、水、矿物质及稳定的有机质。反映有机质变化的参数有化学耗氧量（COD）、生化需氧量（BOD）和挥发性固体含量（VS）。堆肥过程中的COD变化主要发生在热降解阶段，随后趋于平稳。研究表明，当堆肥产品（干重）的COD小于700mg/g时，可以认为达到腐熟。BOD代表了堆料中可生化降解的有机物，一些研究认为腐熟的堆肥产品（干重）中BOD值应小于5mg/g。但二者受原料成分影响较大，所以只能作为堆肥腐熟度的一项参考指标。VS基本上反映了堆肥原料中有机质的含量，可作为堆肥腐熟度的评价指标。

③碳氮比（C/N）：碳源是微生物生长利用的能源，氮源是腐熟微生物生长的主要营养物质，碳、氮含量变化是堆肥发酵的基本特征之一，C/N（固相）是一个最常用的腐熟度评价参数。也有研究指出，微生物对堆肥原料的降解代谢发生在水溶相，因此水溶性有机碳/有机氮（water-soluble carbon/water-soluble nitrogen，WSC/WSN）可作为堆肥腐熟度的优选评价指标。

④有机酸：有机酸广泛存在于未腐熟的堆肥物料中，随着堆肥发酵的进行，有机酸逐步减少，减少的速度与通气状况

和原料相关。但有机酸只能对腐熟度进行定性评价，即未腐熟的堆肥含有有机酸，腐熟的堆肥有机酸含量极少。可通过研究有机酸的变化来评价堆肥的腐熟度。

⑤腐殖化参数：堆肥过程伴随着堆料的腐殖化，一些研究提出腐殖质（HS）、腐殖酸（HA）、富里酸（fulvic acid，FA）及富里酸部分（fulvic fraction,FF）、非腐殖质成分（non-humicfraction,NHF）等参数用以评价堆肥腐熟度。新鲜堆肥含有较低含量的HA和较高含量的FA，而随着堆肥的进行，HA含量显著增加，FA含量则无大变化，这种变化可表征堆肥的腐熟化过程。

（3）生物学指标

堆料中微生物的活性变化及堆肥对植物生长的影响常用于评价堆肥腐熟度。这些指标主要包括呼吸作用、生物活性及种子发芽指数等。

①呼吸作用：新鲜堆肥中由于微生物活动促使有机物质氧化分解而产生大量$CO_2$，并消耗大量$O_2$。随着堆肥的进行，易降解利用的有机物质减少，微生物活动减缓，释放出的$CO_2$和消耗的$O_2$也随之减少。无论何种物料，当堆肥中每100g有机物质能降解释放出$CO_2$的量小于500mg时，表明堆肥已达到稳定；小于200mg时，表明已达到腐熟。当堆肥中每降解100g有机物质的$O_2$消耗量小于100mg时，表示堆肥已达到稳定。因此，可以用二氧化碳的产生和微生物的耗氧速率作为反映腐熟度的指标。

②微生物活性：堆肥过程中反映微生物活性变化的参数有酶活性、三磷酸腺苷（adenosine triphosphate，ATP）和微生

物量。堆肥过程中，多种酶与C、N、P等基础物质代谢密切相关，分析其酶活力，可间接反映微生物代谢活性，一定程度上反映堆肥的腐熟程度。ATP的分析是测定土壤中生物量的方法之一，近年来开始作为堆肥化腐熟的评价参数之一。堆肥过程中，微生物的群落及微生物量显著不同，随着堆肥温度的改变，微生物的群落结构也随之相应变化。堆肥初期，中温菌、嗜温菌大量繁殖。当温度达到50~60℃时，嗜温菌受抑制甚至死亡，嗜热菌则大量繁殖，并保持旺盛的代谢活动。在堆肥的腐熟期主要以放线菌为主。整个堆肥过程中微生物群落的演替能很好地指示堆肥腐熟度。因此，微生物活性可作为评价堆肥腐熟度的评价参数。

③种子发芽率：未腐熟的堆肥中含有植物毒性物质，对植物的生长产生抑制作用，因此可用堆肥和土壤混合物中植物的生长状况来评价堆肥腐熟度。考虑到堆肥腐熟度的实用意义，植物生长试验应是评价堆肥腐熟度最有说服力的方法。许多植物种子在堆肥原料和未腐熟堆肥萃取液中生长受到抑制，而在腐熟的堆肥中生长得到促进，以种子发芽和根长度计算发芽指数（germination index，GI），从理论上说，GI<100%即可判断堆肥产品是有植物毒性的。但在实际试验中，如果发芽指数GI>50%，则可认为堆肥降低到植物可以承受的范围；如果GI>85%，则认为堆肥已完全腐熟。该方法已经被意大利政府用作评价有机废物和粪便堆肥腐熟度的标准。

3.2.4.2 实际效果

前期试验结果及现场应用效果显示，采用专用腐熟菌剂15～30d可以完成堆肥腐熟过程。纤维素降解率升高15%～30%，高温期延长1～5d，氮损失显著降低，水溶性有机氮含量和水溶性有机磷含量分别增加20%～35%和18%～27%。总之，采用专用腐熟菌剂接种显著提高了堆肥的腐熟度，提高了牛粪肥料化利用的价值。

## 3.3 猪粪发酵菌剂

在生猪养殖过程中，通常会添加Cu、Zn等微量元素用来促进生长，使用抗生素用来治疗和预防疾病，而90%以上的Cu、Zn，30%～80%的抗生素不能被生猪机体吸收而随粪便排出体外，诱导环境中抗生素及重金属抗性基因的产生，不仅污染环境，还对人类的健康造成威胁。多个研究报道已经表明，高温堆肥是有效去除抗生素、钝化重金属的有效手段。因此，国内科研单位已经开发出针对猪粪堆肥发酵的复合功能微生物菌剂，利用高温腐熟微生物的高温特性延长堆肥高温发酵时间，以此达到大幅度削减抗生素及其抗性基因、钝化重金属，杀灭病原菌的目的。

## 3.3.1 菌剂的组成及制备

### 3.3.1.1 菌剂组成

猪粪发酵专用菌剂主要由高温菌株枯草芽孢杆菌（*Bacillus subtilis*）、普通高温放线菌（*Thermoactinomyces vulgaris*）和团青霉（*Penicillium commune*）组成，各菌株之间协同互助。

### 3.3.1.2 菌剂的制备

团青霉菌种活化后接种至马铃薯葡萄糖固体培养基（potato dextrose agar medium，PDA）上，37℃培养3～5d，待菌落长满平板，采用直径为9mm的打孔器移取菌块至马铃薯葡萄糖液体培养基中，37℃160r/min摇床振荡培养5d后，10 000r/min离心10min，将菌体沉淀用0.9%的生理盐水稀释至$1 \times 10^8$CFU/mL。

枯草芽孢杆菌菌种活化后，挑取单菌落接种至LB液体培养基中，37℃160r/min摇床振荡培养3d后，10 000r/min离心10min，将菌体沉淀用0.9%的生理盐水稀释至$1 \times 10^8$CFU/mL。

普通高温放线菌菌种活化后，挑取菌苔接种至高氏一号液体培养基中，37℃160r/min摇床振荡培养3d后，10 000r/min离心10min，将菌体沉淀用0.9%的生理盐水稀释至$1 \times 10^8$CFU/mL。

将上述菌株按1：1：1的比例进行组合即复合菌剂，且产品技术指标及无害化指标均符合《有机物料腐熟剂标准》（NY 609—2002）。

### 3.3.2 应用方式

将猪粪与辅料（砻糠、锯末、草粉、秸秆等）按体积约4：1的比例搅拌混合均匀，按每吨堆肥物料（鲜重）添加1～2kg猪粪专用腐熟菌剂，混合均匀后调节水分至50%～60%、pH至6.5～7.5，堆成宽1.5～2m、高0.8～1m的堆体、条垛或者槽式发酵，长度不限，待发酵温度升高至50℃翻堆曝气。

### 3.3.3 配套工艺技术

生猪粪便含水量高，黏性大，通气性差，不能直接进行发酵，应进行适当的预处理或者采用干清粪技术，将猪粪含水量降低到80%以下，然后通过添加辅料混合均匀。这一过程可避免猪粪厌氧发酵产生臭气现象。

① 堆肥期间控制水分含量在50%～60%。

② 碳氮比：应将堆肥原料的碳氮比控制在25～35。

③ 调节猪粪pH至6.5～7.5，可用过磷酸钙进行调节。

④ 翻堆：高温阶段（温度＞50℃）每天翻堆1～2次。

### 3.3.4 使用效果评价

#### 3.3.4.1 堆肥腐熟度评价指标

堆肥腐熟评价指标见表3-2至表3-4。

表3-2　堆肥腐熟度评价的物理学指标

| 指　标 | 腐熟堆肥特征值 | 特点与局限 |
| --- | --- | --- |
| 温度 | 接近环境温度 | 易于检测；不同堆肥系统的温度变化差别显著，堆体各区域的温度分布不均匀，限制了温度作为腐熟度定量指标的应用 |
| 气味 | 堆肥产品具有土壤气味 | 根据气味，可直观而定性地判断堆肥是否腐熟，难以定量 |
| 色度 | 黑褐色或者黑色 | 堆肥的色度受原料成分的影响，较难建立统一的色度标准以判定各种堆肥的腐熟度 |
| 电导率 | — | 需要与植物毒性试验和化学指标结合进行研究 |
| 挥发性固体（VS） | VS降解38%以上，产品中VS＜65% | 易于检测；原料中VS变化范围较广且含有难于生物降解的部分，VS指标的实用操作性差 |

（续）

| 指　标 | 腐熟堆肥特征值 | 特点与局限 |
|---|---|---|
| $BOD_5$ | 20～40g/kg | $BOD_5$反映的是堆肥过程中可被生物利用的有机物的量；对于不同原料的指标无法统一；且测定方法复杂 |
| pH | 8～9 | 测定简单；pH受堆肥原料和条件的影响，只能作为堆肥腐熟的必要条件 |

表3-3　堆肥腐熟度评价的化学指标

| 指　标 | 腐熟堆肥特征值 | 特点与局限 |
|---|---|---|
| 水溶性碳（WSC） | WSC＜6.5g/kg | 水溶性成分才可被微生物所利用；WSC指标的测定尚无统一标准 |
| 水溶性氮（WSN） | WSN趋于5～6 | 受原始堆料的影响，一些原始堆料WSN＜6 |
| WSC/WSN | WSC/WSN＜2 | WSN含量较少，测定结果准确性差 |
| 铵态氮（$NH_4^+$-N） | $NH_4^+$-N＜0.4g/kg | $NH_4^+$-N的变化受温度、pH及氨化细菌活性、通风条件等因素的影响 |
| 腐殖化参数（HI） | HI＞3 | 应用各种腐殖化参数可评价堆肥的稳定性 |

表3-4　堆肥腐熟度评价的生物学指标

| 指　标 | 腐熟堆肥特征值 | 特点与局限 |
|---|---|---|
| 呼吸作用比耗氧速率（specific oxygen uptake rate,SOUR） | 每克堆肥中每小时SOUR＜0.5mgO₂ | 微生物比耗氧速率变化反映了堆肥过程中微生物活性的变化；氧含量的在线监测快速、简单 |
| 生物学活性试验 | — | 反映微生物活性的参数有微生物生物量、酶活性和ATP，这些参数可作为参考评价指标 |
| 种子发芽试验 | 发芽指数（GI）：＞80% | 植物生长试验是评价堆肥腐熟度最有说服力的方法；不同植物对植物毒性承受能力和适应性有差异 |

### 3.3.4.2 实际效果

经过前期试验结果及现场应用效果显示，应用专用腐熟菌剂1～3d，堆体温度上升到55℃，进入堆肥发酵高温期，15～30d可完成堆肥发酵过程。堆肥高温期延长7～10d，大肠杆菌、沙门氏菌等病原菌100%消除，四环素及磺胺类抗性基因显著降解。总之，采用专用腐熟菌剂接种猪粪堆肥发酵能够显著延长堆肥高温过程，有效降解抗生素和钝化重金属，完全杀灭病原菌。

## 3.4 鸡粪发酵菌剂

鸡的肠道较短，消化率较低，有20%～25%的营养物质不能被机体消化吸收而随粪便排出体外。鸡粪中的脂肪含量约为2.5%，蛋白质含量可达到18%左右，其中部分含硫蛋白质在微生物的作用下分解产生大量的氨气和硫化氢气体，产生恶臭，造成严重的空气污染。因此，国内研究单位开发出针对鸡粪堆肥发酵的复合功能微生物菌剂，一方面利用原料中含有较高含量易被微生物降解的有机物（脂肪，蛋白质），一方面通过减少氨气硫化氢气体产生源，以此达到加速堆肥起温、减缓臭气产生的效果。

### 3.4.1 菌剂的组成及制备

#### 3.4.1.1 菌剂组成

本菌剂主要由蛋白降解菌株、脂肪降解菌株和硫化氢降解菌株三种功能性微生物组成，其中蛋白降解菌株包括短小芽孢杆菌（*Bacillus pumilus*）、寡养单胞菌（*Stenotrophomonas sp.*）。脂肪降解菌株包括浅白隐球酵母（*Cryptococcus albidus*）等。硫化氢降解菌株包括纤维化纤维微细菌（*Cellulosimicrobium cellulans*）、根瘤杆菌（*Bacillus radicicola*）。且各菌株之间无拮抗作用。

### 3.4.1.2 菌剂的制备

短小芽孢杆菌、寡养单胞菌、纤维化纤维微细菌和根瘤杆菌菌种活化后，挑取单菌落接种至LB液体培养基中，37℃160r/min摇床振荡培养3d后，10 000r/min离心10min，将菌体沉淀用0.9%的生理盐水稀释至$1 \times 10^8$CFU/mL。

浅白隐球酵母菌种活化后，挑取单菌落接种至YPDA液体培养基中，37℃160r/min摇床振荡培养3d后，10 000r/min离心10min，将菌体沉淀用0.9%的生理盐水稀释至$1 \times 10^8$CFU/mL。

将上述菌株按1：1：1：1：1的比例进行组合即复合菌剂，且产品技术指标及无害化指标均符合《有机物料腐熟剂》（NY 609—2002）。

## 3.4.2 应用方式

将鸡粪与辅料（砻糠、草屑、秸秆粉等）按体积约8：1的比例搅拌混合均匀，然后按每千克堆肥物料10mL的比例进行添加本菌剂，混合均匀后补水至终水50%～60%，堆成宽1.5～2m、高0.8～1m的堆体、条垛或者槽式，长度不限。待发酵温度升高至50℃即开始翻堆，之后每天翻堆1～2次，直至堆肥结束。

### 3.4.3 配套工艺技术

（1）堆肥原料

由于鸡粪中会含有一些饲料残渣，饲料残渣中含有丰富的碳源氮源，因此堆肥时可添加纤维性辅料。

（2）水分

堆肥前堆肥原料应通过干清粪或者晒干，控制水分含量在50%～60%。

（3）碳氮比

应将堆肥原料的碳氮比控制在25～30。

（4）通风供氧

定期通风供氧，一般以一周2次为宜。

### 3.4.4 使用效果评价

#### 3.4.4.1 堆肥腐熟度评价指标

堆肥腐熟评价指标见表3-2至表3-4。

#### 3.4.4.2 实际效果

前期试验结果及现场应用效果显示，应用本菌剂24～48h内堆体即可进入高温期（温度＞55℃），15～20d即可完成堆肥。臭味消失提前3～5d。氨气释放浓度降低21%～46%，硫化氢释放浓度降低25%～41%。总之，采用鸡粪发酵专用菌剂接种鸡粪堆肥，显著缩短了堆肥周期，有效地减少了臭气的产生。

# 4

## 粪水处理微生物
## 菌剂应用

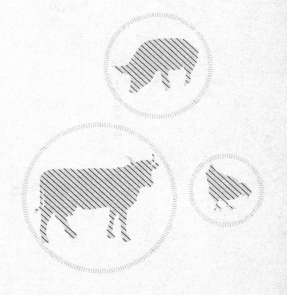

　　畜禽粪水中蕴藏着大量可供开发利用的物质与能量，是一种极有价值的资源，而未经过无害化处理的畜禽粪水会导致严重的水体和土壤污染。为了实现粪水的减量化、无害化和高效利用，发酵是重要环节。常用的发酵菌剂可根据用途划分为三大类，即产沼气菌剂、净水菌剂和发酵床菌剂。通过粪水发酵，将其中未转化为畜产品的物质和能量再利用起来，变废为宝，并减少污染物排放，既可增加畜禽养殖效益，又可保护生态环境。

## 4.1 粪水发酵菌剂应用范围

　　粪水发酵菌剂应用范围见表4-1。

表4-1　粪水发酵菌剂应用范围

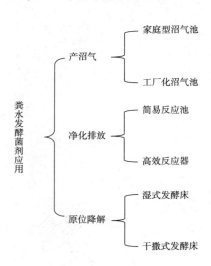

## 4.2 粪水发酵菌剂应用方法

### 4.2.1 产沼气菌剂应用方法

目前产沼气菌剂应用分为家庭型沼气池使用和工厂化沼气池使用两大类型。

#### 4.2.1.1 家庭型沼气池使用

常见菌种：热纤维梭菌、拜氏梭菌、詹氏产甲烷石状菌、沃氏甲烷嗜热杆菌、嗜热甲烷八叠球菌、巴氏甲烷八叠球菌、嗜乙酸甲烷八叠球菌、甲酸甲烷杆菌、嗜树甲烷短杆菌、廷达尔甲烷叶菌、肯氏鬃发甲烷菌等。

【方法一】

①一般产甲烷菌剂的制备流程：微生物斜面菌种→分别活化→一级扩大→二级扩大→吸附→配制→检测→包装。

②吸附时，所用吸附剂为经粉碎过直径0.25mm的筛网并经高温灭菌后的膨润土，吸附量为膨润土干重的40%。并添加经过高温灭菌并过直径0.25mm的筛网的硫酸锌、钙镁磷肥、硫酸锰和磷酸二氢钾，混合比例1：5：1：2，添加量占膨润土干重的5%。经吸附处理后，各微生物均为灰色粉状，松散。

③配制时，需要无菌操作，将热纤维梭菌、拜氏梭菌、詹氏产甲烷石状菌、沃氏甲烷嗜热杆菌、嗜热甲烷八叠球菌和巴氏甲烷八叠球菌的粉末按照2：3：1：1：1：4复配，制得产甲烷菌剂。检测要求有效活菌总数≥10亿个/g。

④一般情况下，产甲烷菌剂添加量为每立方米粪水1~2g，

混合均匀。对于半批量（半连续）发酵方式和连续发酵方式，添加量为每立方米粪水0.5～1g。向粪水中接入产甲烷菌剂后，所产沼气的甲烷含量可达55%。

本方法对粪水原料要求不严且转化快，从30～85℃均能持续产气，产气量大且稳定，不受四季和早晚温度变化影响。所产沼气用于家庭生活燃气；沼液可作为液体有机肥，用于农田灌溉，既可节约用水，又可实现氮磷循环利用。

【方法二】

①配制液体甲烷菌培养基：甲酸钠3.0g，乙酸钠5.0g，甲醇2.0mL，乙醇（95%）3.0mL，氯化镁0.1g，氯化铵0.5g，酵母粉0.5g，余量为水。把上述原料配制好，将培养基煮沸15min后，通入无氧高纯氮气防止空气进入，在无氧条件下分装于厌氧管、厌氧瓶或厌氧罐中，盖上密封盖，并于121℃灭菌30min后，冷却培养基至室温备用。

②采用嗜乙酸甲烷八叠球菌、甲酸甲烷杆菌、嗜树甲烷短杆菌、廷达尔甲烷叶菌、肯氏鬃发甲烷菌作为接种甲烷菌，在厌氧条件下接种于预先制备的液体甲烷菌培养基，分别单独按厌氧管—厌氧瓶—厌氧罐的步骤逐级扩大培养，每一级的接种量为5%。

③培养后的上述甲烷菌的各菌液按体积比2：2：3：2：1混配在一起，即液体产甲烷复合菌剂。

④将上述液体产甲烷复合菌剂加入含水率为70%的猪粪中，同时加入液体甲烷菌培养基，加入的质量比——液体产甲烷复合菌剂：猪粪：液体甲烷菌培养基为1：12：1，混合后于35℃培养7～10d，即固体产甲烷复合菌剂。

⑤上述固体产甲烷复合菌剂的培养过程中要收集产生的沼气。培养后的固体产甲烷复合菌剂按下一次要配制的固体产甲烷复合菌剂的总量，留出约20%作为接种物，其余的进行密封包装。该菌剂具有利用底物较宽、适应产沼气的pH范围和温度范围较大的特点。

⑥按照每立方米粪水中投加10g的比例，接入固体产甲烷复合菌剂（以相同生物量的厌氧污泥作对照），分别于20℃、50℃和常温条件下培养。在20℃条件下，第15天后的产气量是对照的2.5倍；在50℃条件下，第2天的产气量是对照的2倍；在常温条件下，3周内的总产气量是对照的1.6倍。其中，在50℃条件下，第7天后产气量上升很快，第10天产气量达到最大值，而对照第16天产气量才开始上升，第19天才达到最大值，且在20d内的总产气量是对照的2.7倍。

该方法可显著加快新建沼气池和大换料时的产沼气的启动时间，提高沼气池的产气效率和产气稳定性。所产沼气用作家庭生活燃气，沼液可作为液体有机肥，用于农田灌溉，既可节约用水，又可实现氮磷循环利用。

### 4.2.1.2 工厂化沼气池使用

常见菌种：溶纤维素拟杆菌、巴氏芽孢梭菌、黑海甲烷袋状菌、马氏甲烷八叠球菌、解纤维素拟杆菌、黄色梭状杆菌、巴氏芽孢梭菌、长链脂肪酸互营单胞菌、沃氏互养单胞菌、脱硫脱硫弧菌、丙酸脱硫洋葱状菌、亨氏甲烷螺菌、小甲烷粒菌、巴氏甲烷八叠球菌、甲烷鬃毛菌等。

【方法一】

①将溶纤维素拟杆菌、巴氏芽孢梭菌、黑海甲烷袋状菌

和马氏甲烷八叠球菌活化后，分别接种于增殖培养基中，在30～35℃的厌氧瓶或厌氧发酵罐中分别逐级厌氧扩大培养，扩大培养过程中按5%～10%的体积比转接，增殖培养基的pH为6.0～7.0，当发酵液中有效活菌数达到10亿个/mL时终止培养。

所述的增殖培养基每升中含氯化铵1g，氯化镁1g，磷酸氢二钾0.3g，磷酸二氢钾0.3g，酵母膏1g，微量元素液8mL，余量为水；所述的微量元素液每升含七水合硫酸镁3mg，氯化钴0.1mg，二水合硫酸锰0.3mg，一水合氯化钙0.1mg，七水合硫酸锌0.1mg，氯化钠0.8mg，七水合硫酸亚铁0.1mg，五水合硫酸铜0.01mg，硫酸钾铝0.01mg，硼酸0.01mg，二水合钼酸钠0.01mg，余量为水。

②将8份溶纤维素拟杆菌发酵液、12份巴氏芽孢梭菌发酵液、30份黑海甲烷袋状菌发酵液，以及20份马氏甲烷八叠球菌发酵液混合配成菌剂。有效活菌总数为10亿个/mL以上。

③将菌剂接种于粪水的沼气发酵罐中，混合均匀，进行35℃厌氧发酵，日产气率高峰期出现在第4天，其峰值为每天每立方米罐体产生2.0m³沼气；甲烷产气率高峰期出现在第6天，其峰值为每天每立方米罐体产生0.7m³甲烷；而以自然发酵的沼气池中的沼液为接种物的对照组，其日产气率高峰期出现在第9天，其峰值为每天每立方米罐体产生1.0m³沼气，甲烷产气率高峰期出现在第12天，其峰值为每天每立方米罐体产生0.5m³甲烷。在沼气发酵30d内，相对于对照组，接种该复合菌剂的发酵罐可提高平均日产气率21.5%，提高平均甲烷日产气率22.2%。

采用复合菌剂沼气发酵能够有效地提前产气时间、提高产气量及产甲烷量，可适用于大中型沼气发酵工程的启动和运行。所产沼气用作养殖场的供热供电，沼液可进入农田消纳或经净化处理后达标排放。

【方法二】

①将11株菌按比例直接混合组成复合菌，其细胞数量占比为解纤维素拟杆菌22%、黄色梭状杆菌17%、巴氏芽孢梭菌10%、丙酸脱硫洋葱状菌11%、长链脂肪酸互营单胞菌11%、沃氏互养单胞菌10%、脱硫脱硫弧菌13%、亨氏甲烷螺菌0.5%、小甲烷粒菌1.0%、巴氏甲烷八叠球菌1.5%、甲烷鬃毛菌3%。

②以上述复合菌作为接种物，以猪粪、鸡粪、稻草或玉米秸秆等有机物为发酵底物。可以将粪便原料与秸秆原料按碳氮含量比例30：1组合使用。将接种物与发酵底物按质量比3：10混合后，调节总固体含量为20%，pH 7.0，在（35±2）℃下厌氧培养60～90d。在上述过程中，接种物中的11株功能菌协同作用，降解底物生成甲烷，同时各功能菌株实现增殖，得到一种组成和性能稳定的沼气干发酵复合菌剂。该菌剂中微生物细胞总数达100亿个/g，产甲烷菌细胞数至少为1亿个/g。

将该复合菌剂由多株功能明确的菌种混合培养，产酶丰富，可以解除代谢产物的反馈抑制，保障发酵环境的稳定性。将其用于沼气干发酵时，可以显著缩短启动时间，提高沼气发酵效率，增强发酵过程的稳定性。该过程几乎无沼液排出，避开了工厂化沼气发酵最难解决的沼液出路的问题，所产沼气用作养殖场的供热供电。

## 4.2.2 净水菌剂应用方法

目前净水菌剂应用分为简易反应池使用和高效反应器使用两大类型。

### 4.2.2.1 简易反应池使用

常见菌种：乳酸菌、芽孢杆菌、醋酸杆菌、假单胞菌、硝化细菌、反硝化细菌等。

①取55%重量份的芽孢杆菌在约35℃下，液体发酵24h，再固体发酵48h。取25%重量份的沼泽红假单胞菌在见光28℃液体发酵7～10d，再在28～30℃中采用等量麸皮吸附24h。取20%重量份的硝化细菌在35℃下，液体发酵24h，固体发酵40h。上述发酵好的菌种，在35℃环境中烘干，粉碎，过直径0.25mm的筛网40～60目过筛。检测活菌数，其中芽孢杆菌≥16.5亿个/g、沼泽红假单胞菌≥7.5亿个/g、硝化细菌≥6亿个/g。

②上述菌剂混合，包装即成。总菌数≥30亿个/g，呈粉末状态。

③将本品按每667m³水体配1kg的比例使用，对于已恶化的水质，可以加倍使用。使用时，将菌剂用水拌和成团粒状，再将团粒均匀洒布于污水池或污水滞留塘中。

该技术可降低大型养殖场畜禽粪水排放物的生化需氧量、化学需氧量水平，达到避免污染、改善环境的目的。经处理的粪水，可用于农田灌溉，既可节约用水，又可实现氮磷循环利用。

### 4.2.2.2 高效反应器使用

常见菌种：乳酸菌、酵母菌、放线菌、光合细菌、脱氮硫杆菌、鞘氨醇单胞菌、铜绿假单胞菌、蜡状芽孢杆菌和伯克霍尔德氏菌等。

【方法一】

①分别将乳酸菌、酵母菌、放线菌及光合细菌培养至5亿～8亿个/mL，按照重量比为2：1：1：2混合后得到混合菌液，按照混合菌液与硅藻土1：1的重量比例混合，然后28℃干燥至含水量为30%即得微生物菌剂。该菌剂将分解性细菌与合成性细菌，厌氧菌、兼性菌与好氧菌复合培养于一体，多种不同类群互相协调、互相促进，有利于不断吸收、消化污水中的污染物，加速水质净化。

②采用一种微动力生物净化污水处理系统，包括预混调节池和微动力固定化生化池。在预混调节池中设有预混调节反应区，用于添加微生物菌剂。微动力固定化生化池划分为第一微动力生化反应区、第一缺氧区、第二微动力生化反应区、第二缺氧区、第三微动力生化反应区，以及沉淀区。其中，第一微动力生化反应区、第二微动力生化反应区和第三微动力生化反应区内分别设有固定化微生物滤床。

③该工艺处理后水质：化学需氧量300mg/L以下，氨氮30mg/L以下，悬浮物80mg/L以下，pH 6.5～7.5，满足《畜禽养殖业污染物排放标准》（GB 18596—2001）的要求。

本工艺属于节能型净水技术，区别于典型的工业废水与生活污水的高能耗型处理技术，兼具有能耗低和去污效果好的特点。经处理的粪水，在满足现行标准的条件下，可达标排放。

【方法二】

①分别将脱氮硫杆菌、鞘氨醇单胞菌、铜绿假单胞菌、蜡状芽孢杆菌，以及伯克霍尔德氏菌培养至5亿～8亿个/mL，按照重量比为5∶5∶4∶3∶3混合后得到混合菌液，按照混合菌液与硅藻土1∶1的重量比例混合，然后28℃干燥至含水量为30%即得微生物菌剂。

②采用过滤净化池工艺处理养猪废水，该工艺流程为：污水收集装置—沉淀池—渗滤池—微生物处理池。其中，渗滤池填料为鹅卵石、碎石、河沙海绵铁及炉渣等，依次分层填充，适合于多种微生物附着形成生物膜，经协同作用提高处理效果。微生物处理池含有微生物菌剂，每立方米污水每次投加10g，每天投加1次，连续投加7d。

③该工艺处理后，化学需氧量由原来的22 000mg/L下降到50mg/L，生化需氧量由原来的10 000mg/L下降到10mg/L，悬浮物由原来的20 000mg/L下降到5mg/L，氨氮由原来的800mg/L下降到5mg/L，总磷由原来的120mg/L下降到0.3mg/L，粪大肠杆菌由原来的2.2亿个/L下降到100个/L，色度（稀释倍数）从原来的350下降到40。

本工艺技术能耗低，对化学需氧量、生化需氧量、悬浮物、氨氮、磷和粪大肠杆菌等都有良好的去除效果，净化后得到符合养殖污水排放标准的净化水体，可在畜禽养殖粪水处理处置领域广泛推广应用。

本工艺技术无论对于哪一种类型的净水工艺和反应器类型，菌剂投加都可在不改变处理工艺的条件下提高污水处理率和处理系统的容积使用率，减少剩余污泥产生，降低处理成本，属环境友好型技术。经处理的粪水，在满足现行标准的条件下，可达标排放。

### 4.2.3 原位降解菌剂应用方法

目前原位降解菌剂应用分为湿发酵使用和干撒式使用两大类型。

#### 4.2.3.1 湿发酵使用

常见菌种：芽孢杆菌、乳酸菌、酵母菌、放线菌、霉菌等。

【方法一】

①发酵床垫料以"20%锯末+20%稻壳+30%玉米秸秆+30%玉米芯"为载体。复配菌剂由芽孢杆菌、乳酸菌、酵母菌、放线菌和霉菌等组成。

②将垫料与菌种搅拌均匀，喷洒经1∶500稀释后的混合营养液，并保持含水率为55%～60%，之后平铺于地板上至70cm厚度。每天早晨9时在中间30cm深处测温，温度均呈现上升趋势，至45℃左右，继而下降并稳定维持在40℃以上。

③每1.5m²垫料可饲养1头猪，其日排粪量允许值为1.5kg。

④为防止发酵床垫料板结，控制发酵床的含水率60%左右，并且每周将发酵床深度至少30cm的垫料均匀翻动1次。

该体系大体经历"升温期—高温期—降温期"3个阶段。在生产实践中，可以对发酵过程进行适当的调控，根据温度的变化规律添加营养液，使其维持高效发酵。该菌剂能降低垫料的pH，对猪粪中氨氮挥发有一定抑制作用。

【方法二】

①发酵床垫料为新鲜锯末和谷壳各50%（体积比），垫料中加3kg/m³麸皮作菌种发酵基料。

②垫料制作：先将谷壳铺入栏舍45cm厚，再加45cm厚锯末，最后将均匀混入发酵菌种的麸皮（含有芽孢杆菌、乳酸菌和酵母菌等）均匀地铺在锯末上，调节水分至45%，并将垫料来回翻动3次，使垫料混合均匀，混合好后堆积发酵。

③每天早、中、晚3次取顶部和中间40cm深处3个部位测温，待温度稳定在65～70℃并持续48h后（需要7d），将垫料重新混合，再堆积发酵5d，发酵好以后摊开垫料，24h后引猪。

该方法与传统养猪技术相比，干物质及主要营养物排放量大幅减少，表明采用该技术能提高饲料中营养物质的利用率，减少营养物排放造成的损失及对环境的污染。

4.2.3.2 干撒式使用

常见菌种：木霉菌、米根霉、黑曲霉、链霉菌、球形红假单胞菌、嗜酸乳杆菌、酵母菌、地衣芽孢杆菌、枯草芽孢杆菌、粪肠球菌等。

【方法一】

①稀释菌剂。取商品化的霉菌、乳酸菌、酵母菌和芽孢杆菌等，计算好菌剂用量，按要求比例（一般是5～10倍）与米糠或玉米粉、麸皮混合稀释。稀释后的菌剂分成五等份。

②选择垫料。垫料材料多种多样，达到透气性好，适合菌种生长就可以，谷壳、锯末、米糠、秸秆粉、草粉等均可用。

③播撒菌种。可将垫料均匀分五层铺填。第一层铺稻壳10～15cm；第二层铺秸秆或花生皮粉10～15cm；第三层铺锯

末20cm；第四层在第三层上均匀铺撒专用菌剂；第五层在第四层上敷设锯末10cm。

④发酵床菌剂维护费（以10年计）为每平方米152元，垫料费用每平方米20～50元，奶牛头均占床面积7.0m²，奶牛头均建发酵床费用1 200～1 400元，可应用周期为3年左右；垫床日常需每3d左右对表层20cm进行旋翻。

本工艺的养殖场可免清粪尿。现场直观视觉效果好，奶牛场中没有粪堆和尿池，奶牛舍中没有臭、骚、氨气味，并且奶牛身上没有粪疙瘩，场区所有的硬化路面上见不到牛粪并且没有"污道"。

【方法二】

①土著菌培养：从树林下腐殖土较多的地方采集土著菌。将装入植物性培养基、盖上透气性宣纸的木箱深埋在腐殖土中，经过5～7d，采集到白色或粉红色菌落，其他色泽的菌落不作为土著菌使用。将采集到的菌落用红糖以1∶1比例拌匀、装坛，放置在18℃左右地方培养，大约7d形成土著菌原液。

②试验组发酵床制作：底层约40cm铺麦秸草墩；上层垫料50cm，每立方米用锯末80kg、稻壳20kg、玉米芯10kg、深层土10kg、畜牧盐0.15kg、发酵菌种0.5kg（用10倍麸皮稀释）填充，反复翻堆使其充分混合均匀。每立方米发酵床的制作成本为36.8元。

③发酵床温度变化基本遵循微生物发酵规律，开始温度较低，为10℃左右，约维持4d；到第11天达到最高50℃，然后在（40±3）℃附近小幅波动。

该土著菌发酵床活性较强，能够有效分解猪粪、尿，猪舍几乎没有臭味，达到了清洁养猪的效果。土著菌发酵床垫料成本是商品促发酵菌剂发酵床垫料成本的1/3左右，节本增效明显，可大面积推广应用。

## 4.3 粪水发酵菌剂使用注意事项

①为了使菌剂分布更加均匀，可以先用暴晒后的自来水稀释菌剂后再施用。

②禁止与杀菌剂、石灰等碱性物质同时混用。

③菌剂产品密封贮存于阴凉、干燥处，远离火源，同时不要与有毒物品一起存放。

# 5

养殖环境臭气控制
微生物菌剂

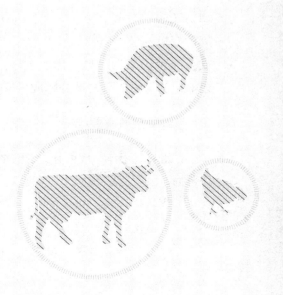

随着畜禽养殖规模的日益扩大，养殖环境臭气问题日益突出，养殖场周边臭气问题已经成为影响周围居民健康生活的主要因素之一。近年来，国家对畜禽养殖环境污染管控越来越严，各种除臭处理控制技术越来越受到重视。

## 5.1 养殖臭气的产生与危害

### 5.1.1 养殖臭气来源

动物自身产生臭气：未被动物消化吸收的有机营养，主要是碳水化合物和含氮有机物，在肠道厌氧微生物作用下，产生多种刺激性臭气和粪污外排；动物的皮脂腺、汗腺、外激素分泌等产生气味。

环境粪污产生臭气：堆积的粪尿、污水、饲料残渣和垫料，以及各种生物尸体等通过微生物腐败分解而产生，其中动物粪尿和污水中的有机物腐败分解是产生臭气的主要来源。粪污有机物经微生物厌氧发酵形成各种带有气味的有害气体，成为养殖场产生恶臭气体的主体来源，如动物每天排出粪便尿液中的氮素厌氧发酵分解成挥发性氨气。

### 5.1.2 养殖臭气主要成分

养殖臭气总体组成可分为五大类，分别是含硫化合物、含氮化合物、卤素及其衍生物、烃类以及含氧的有机物。具体如下：

①含硫化合物，如硫化氢、硫醚类、硫醇类等。

②含氮化合物，如氨、酰胺、胺类、吲哚类等。

③卤素及其衍生物，如氯气、卤代烃等。

④烃类，如烷烃、烯烃、炔烃、芳香烃等。

⑤含氧组成的化合物，如脂肪酸等。

这些恶臭物质，除硫化氢和氨气外，其余大多为有机物。养殖场各种气体常混杂在一起，很难区分出养殖场的特点和某种气体，因此一般认为养殖场的恶臭气味主要由氨气、硫化氢、挥发性脂肪酸引起。

### 5.1.3 养殖臭气危害

恶臭对人们的生活和身体健康都有很大的影响。粪污滋生大量昆虫、细菌及病毒等，强烈的气味不仅会直接刺激嗅觉系统，还对对呼吸神经系统、循环系统、内分泌系统等产生强烈的刺激作用。初期会引起厌恶、情绪低落、恶心、呕吐等症状，长期会导致内分泌失调、神经衰弱,加重心血管疾病等。因此，我国在《大气污染防治法》第32条、第34条对恶臭气体的排放作了严格规定。

臭气对动物生长有多种危害。主要表现为：

①动物长期处于慢性中毒状态，生长速度缓慢。

②强烈刺激动物呼吸道，容易引起呼吸道疾病。

③造成消化系统紊乱，影响饲料利用率。

④高浓度氨气还会影响动物胎儿正常发育，加快养殖设备的腐蚀。

## 5.2 养殖臭气的控制

### 5.2.1 利用微生物技术控制养殖场臭气的基本原理

去除养殖臭味的方法分为三种：①化学除臭法，包括化学氧化、离子吸附及催化燃烧等；②物理除臭法，包括物理吸附收集、遮蔽及稀释扩散等；③生物除臭法，一方面是通过种植一些针对性植物净化吸收除臭，另一方面是利用微生物除臭，主要通过微生物的各种代谢活动将恶臭物质转化消解。微生物除臭剂是通过各种专业方法将自然界中现存的一些脱臭效率高、适应性广的微生物菌株分离筛选出来，针对不同臭气产生环境组配筛选复合菌株，再配合各种固化技术，达到快速持续除臭目的。

微生物除臭技术应用的基本原理包括以下几个方面。

①利用微生物之间的颉颃作用，通过添加有益微生物，抑制产生臭味微生物的活动，减少臭气。

②利用有益微生物作用将臭气成分进行无臭转化，降低环境中臭气浓度。多种微生物共同作用更有利于吸收、分解产生的$SO_2$、$H_2S$、$CH_4$等具恶臭味的有害气体。

③增加环境中有益微生物数量，这些微生物可产生无机酸，抑制腐败微生物的生长，从根本上解决恶臭气体的产生。

## 5.2.2 微生物除臭技术优势

微生物除臭技术具有明显技术优势，是当前除臭技术的主流。

### 5.2.2.1 绿色环保

微生物除臭技术是对恶臭气体进行净化，化恶臭为无臭，且不含任何化学添加剂，环境亲和性好，无二次污染。

### 5.2.2.2 处理效率高

微生物除臭技术与一般化学方法和生物方法相比较，其可迅速去除臭味，降低COD、氨氮等指标。

### 5.2.2.3 适应性广

微生物除臭技术，特别是复合微生物除臭剂，适应多种温度和pH范围，在低氧环境中也能有效发挥作用。

### 5.2.2.4 更有针对性

微生物除臭可以针对特定污染对象和环境特点，组合相应微生物，获得强针对性、高效力的菌剂。

### 5.2.2.5 成本低廉

微生物除臭技术依靠活体微生物，进入治理环境后，它们具有自我繁殖、自我扩大的功能，因此具有物美价廉的特点，综合治理成本低，而且治理效果好。

### 5.2.2.6 所需的设备简单、易操作

微生物除臭技术的使用方法有喷雾和直接泼洒，所需设备简单，一般人员都可以操作，不像化学方法等需要安全防护措施。发达国家实践证明，畜禽养殖场通过喷洒除臭微生物后，养殖场恶臭逐渐消失，苍蝇密度随之下降，畜禽变得温顺、安静，产蛋率、产肉率增加，饲养员抱怨少，情绪稳定。

## 5.2.3 除臭微生物菌剂

除臭微生物菌剂种类较多，通常有单一型除臭微生物菌剂、复合型除臭微生物菌剂。单一型除臭微生物菌剂有芽孢杆菌、乳酸菌、光合细菌、硝化细菌、反硝化细菌、酵母菌和放线菌等。

### 5.2.3.1 枯草芽孢杆菌

枯草芽孢杆菌（*Bacillus subtilis*）是一种有芽孢、杆状的革兰氏阳性菌。枯草芽孢杆菌菌体生长过程中产生的枯草

菌素、多黏菌素、制霉菌素、短杆菌肽等活性物质，对致病菌或内源性感染的条件致病菌有明显的抑制作用。枯草芽孢杆菌菌体自身合成 α-淀粉酶、蛋白酶、脂肪酶、纤维素等酶类，在消化道中与动物体（人体）内的消化酶类一同发挥作用。

### 5.2.3.2 乳酸菌

乳酸菌是一类能利用碳水化合物发酵产生大量乳酸的细菌。这类细菌在自然界分布极为广泛。乳酸菌产品主要有干酪乳杆菌、植物乳杆菌、嗜酸乳杆菌或多种乳酸菌组合等，其产品在市场上比较常见，如商品"EM"主要成分是乳酸菌。研究表明，乳酸菌不仅能促进动物生长，调节胃肠道正常菌群，维持微生态平衡，而且能改善动物胃肠道功能，提高动物饲料消化率。乳酸菌在臭气控制中的作用主要是利用其产生乳酸抑制腐败菌的生长。

### 5.2.3.3 光合细菌

光合细菌是地球上出现最早、自然界中普遍存在、具有原始光能合成体系的原核生物，是一类利用光能合成自身化合物的细菌的总称。光合细菌是以光作为能源，在厌氧光照或好氧黑暗条件下利用环境中有机物、硫化物、氨等进行光合作用的微生物，具有重要的除臭和分解有机物的功能。使用光合细菌，能有效避免固体有机物和有害物质的积累，起到净化水质的作用。

### 5.2.3.4 硝化细菌

硝化细菌是一类好氧性细菌，生活在有氧的水中或砂层中，在氮循环水质净化过程中扮演着很重要的角色。一般分布于土壤、淡水、海水中，有些菌仅发现于海水中。硝化细菌可专一性消除氨氮。硝化细菌属于自养型细菌，为原核生物，包括亚硝酸菌属及硝酸菌属两种完全不同的代谢群。亚硝酸细菌（又称氨氧化菌），将氨氧化成亚硝酸；硝酸细菌（又称亚硝酸氧化菌），将亚硝酸氧化成硝酸。

### 5.2.3.5 反硝化细菌

反硝化细菌是一种能引起反硝化作用的细菌。多为异养、兼性厌氧细菌。它们在厌氧条件下，利用硝酸中的氧，氧化有机物而获得自身生命活动所需的能量。反硝化细菌可快速消除水体总氮，用于猪场废水脱氮；广泛分布于土壤、厩肥和污水中；可以将硝态氮转化为氮气而不是氨态氮；可快速消除水体总氮，主要应用于污水处理，如景观水治理、城市内河治理、水产养殖处理等，其中水产养殖污水处理应用最为广泛。

目前，除臭微生物菌剂生产厂家较多，市场上可供选择的商品也比较丰富，规格不一，价格相差较大，各有特点（表5-1）。

表5-1 市场常见单一型除臭微生物菌剂基本情况

| 微生物类型 | 剂型 | 规格数量 | 价格 | 特点 |
|---|---|---|---|---|
| 枯草芽孢杆菌 | 粉状 | 50亿～10 000亿CFU/g | 50亿CFU/g, 2元/kg；2 000亿CFU/g, 50元/kg；10 000亿CFU/g, 250元/kg | 应用广泛，工艺成熟，易储存，价格低廉 |

（续）

| 微生物类型 | 剂型 | 规格数量 | 价格 | 特点 |
|---|---|---|---|---|
| 乳酸菌 | 液体剂型传统干燥粉剂冻干型粉剂 | 液体型1亿~50亿CFU/mL；传统干燥型10亿~100亿CFU/mL；冻干型100亿~1 000亿CFU/g | 液体型2~5元/L；传统干燥型10~50元/kg；冻干型100~1 000元/kg | 不耐储存。液体型1个月损失90%；粉剂传统干燥工艺，菌数损失较大；冻干型成本高 |
| 光合细菌 | 液体剂型为主 | 5亿~20亿CFU/mL | 2~5元/L | 易培养，耐储藏一般6个月 |
| 硝化细菌 | 液体剂型为主 | 10亿~50亿CFU/mL | 80~500元/L | 价格高，可保藏3~6个月 |
| 反硝化细菌 | 粉状剂型为主 | 100亿~200亿CFU/g | 10~15元/kg | 耐储藏一般12个月 |

## 5.3 除臭微生物菌剂的使用方法

随着研究与应用的不断深入，除臭微生物菌剂由单一菌种向复合菌种方向发展，不同功能的除臭微生物菌种相互配合，形成除臭效果更加显著的产品。复合型除臭微生物菌剂是通过工业化发酵，将好氧、兼性和厌氧的多种微生物菌株分别扩大培养生产出来，再按照配方进行科学组合形成相容互助菌群，将它们施用到养殖环境中，在粪便尿液、粪水、沼液等恶臭污染物中迅速繁殖，快速分解、转化有机物，从而达到抑制臭气产生的目的。

## 5.3.1 复合除臭微生物菌剂组成

根据养殖动物饲料特点和消化道差异，复合型除臭微生物菌剂在菌种组合、配比和使用方面分为以下几种类型（表5-2）。

表5-2 目前市场常见复合型除臭微生物菌剂基本情况

| 复合型 | 规格含量<br>（$1 \times 10^8$CFU/g） | 菌种 | 适用动物 | 价格<br>（元/kg） |
|---|---|---|---|---|
| 复合型 I | 20 | 乳酸菌 | 猪、牛、羊 | 23～33 |
| | 10 | 光合细菌 | | |
| | 2 | 硝化细菌 | | |
| | 20 | 反硝化细菌 | | |
| | 40 | 枯草芽孢杆菌 | | |
| 复合型 II | 20 | 乳酸菌 | 猪、牛、羊、禽 | 21～31 |
| | 10 | 光合细菌 | | |
| | 2 | 硝化细菌 | | |
| | 20 | 反硝化细菌 | | |
| 复合型 III | 20 | 乳酸菌 | 猪、牛、羊、禽 | 20～28 |
| | 10 | 光合细菌 | | |
| | 2 | 硝化细菌 | | |
| 复合型 IV | 20 | 乳酸菌 | 猪、牛、羊、禽 | 8～12 |
| | 10 | 光合细菌 | | |

### 5.3.2 除臭微生物菌剂使用方法

以复合型除臭微生物菌剂（复合型Ⅳ，乳酸菌和光合细菌）为例，介绍其使用方法。

根据产品规格和表5-2的组合要求，分别将一定量的乳酸菌和光合细菌进行混合，然后添加10～100倍清水（根据制剂浓度和猪舍臭气状况确定），充分混合均匀。

#### 5.3.2.1 喷洒使用方法

将稀释液装于喷洒器中，对圈舍进行均匀喷洒，保证喷洒后每平方米面积上除臭微生物总数达到或超过100亿CFU，一般1L制剂可以喷洒的面积为100～200m²，在粪污聚集区可适量多喷洒。

#### 5.3.2.2 泼洒使用方法

对集粪池、排水沟等污染严重的水体，可以直接进行泼洒。初次使用时应当适量加大泼洒量，按处理体积的0.1%左右进行泼洒，注意均匀泼洒。

注意事项：使用除臭气微生物菌剂前后1周内，不能使用漂白粉类消毒剂。喷洒最好选择在白天圈舍阳光充足时进行。初次使用时每天喷洒1次，连续1周，圈内气味改良后可逐步减少喷洒次数，改为2～3d喷洒一次。

采用复杂剂型，用法和使用量不变，根据微生物组成的不同，可以取得不同级别的更佳效果。枯草芽孢杆菌制剂使用前，必须经过菌种活化处理。其活化过程如下：称取适量枯草芽孢杆菌制剂，加入等质量的葡萄糖或者红糖等，添加适量水至完全溶解，不时搅拌，活化2h，即可加入其他微生物制剂混合使用。禽类养殖场排泄物蛋白质含量较高，复合剂型一般不添加枯草芽孢杆菌。

## 5.4 臭气检测与效果评价

### 5.4.1 有关臭气的排放要求

在我国畜禽养殖业污染物排放国家标准（GB 18596—2001）中，对臭气物质和浓度没有具体数量指标的规定，但有感官判断标准，规定了臭气排放标准为70，即排放气体经过干净无臭空气稀释70倍，感官上嗅不出臭味。主要臭气成分$NH_3$、$H_2S$具有一定的特征和限值，其嗅阈值和特征见表5-3。

表5-3　$NH_3$、$H_2S$的嗅阈值和臭气特征

| 检测指标 | 嗅阈值（ppm*） | 臭味特征 |
|---|---|---|
| $NH_3$ | 1.5 | 强烈刺激性臭味 |
| $H_2S$ | 0.000 41 | 臭鸡蛋味 |

\* ppm为非法定计量单位。在标准状况下，$1ppm = M/22.4$（$mg/m^3$），$M$为物质的量。

美国和欧盟等西方发达国家和地区，对臭气排放浓度有明确的数量要求。如美国恶臭物质$H_2S$排放标准，各州不同，区间在$15 \sim 150\mu g/m^3$。荷兰对畜禽养殖场的标准是C 98.0，1h=1.0 OUE/$m^3$（全年98%平均小时恶臭浓度，OUE为恶臭单位）；澳大利亚畜禽养殖场的标准是C 98.0，1h=10 OUE/$m^3$。

### 5.4.2 臭气检测方法

随着检测技术的发展，电子检测仪的应用越来越广泛，这

些技术可对养殖场的氨、硫化氢等臭气物质的浓度及其变化进行实时监测，据此反映微生物菌剂的使用效果。目前，市场上销售的便携式电子检测仪产品如手掌大小，携带方便，价格从几百元至几千元的产品都有，一般氨气和硫化氢的最低检测限为1ppm（图5-1）。

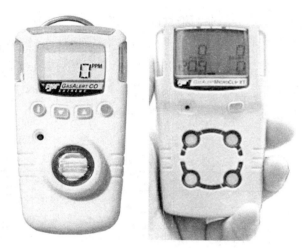

图5-1　便携式氨气（硫化氢）电子检测仪

除此之外，臭气还可以采用化学检测法。需要说明的是，国标中普遍采用化学检测法。

5.4.2.1　空气采集

进行空气采集的设备有很多。空气自动采样器较先进，可同时采集氨氮、硫化氢及臭气等空气样本（图5-2）。

5.4.2.2　臭气浓度

国家标准《空气质量恶臭的测定三点比较式臭袋法》

图5-2  猪场中空气采样

（GB/T 14675—1993），对臭气浓度的试验步骤进行了规定。首先，用无臭气体按一定的梯度逐级稀释采集的臭气样品，然后将每级稀释的气袋与另两只充入纯净空气的无臭袋同时交于嗅辨员进行嗅辨，看其能否正确识别。根据嗅辨人员的平均正确率来决定是否继续进行稀释操作，最后计算求出臭气样品的最大稀释倍数，即臭气浓度。

一般认为，臭气浓度实质上是稀释倍数，为无量纲单位。实际上，对于某种特定的恶臭气体来说，其初始质量浓度（$C_0$）、臭气浓度（$T_d$）及嗅阈值浓度（$C_{th}$）三者之间存在一定的关系：

$$C_0/(T_{d+1}) = C_{th}$$

### 5.4.2.3  氨（$NH_3$）的测定

采用次氯酸钠-水杨酸分光光度法，其原理是氨在稀硫酸溶液中被吸收后，生成硫酸铵。在亚硝基铁氰化钠存在下，铵离子、水杨酸和次氯酸钠反应生成蓝色化合物，根据颜色深浅，用分光光度计在697nm波长下测定吸光度。主要试验步骤包括：①采样及样品保存；②绘制标准曲线；③样品测定；④空白试验；⑤结果处理。详细操作方法参照行业标准《环境空气　氨的测定　次氯酸钠–水杨酸分光光度法》（HJ 534—2009）。

#### 5.4.2.4　硫化氢（$H_2S$）的测定

采用亚甲基蓝分光光度法，其原理是空气中的硫化氢被碱性氢氧化镉悬浮液吸收，形成硫化镉沉淀。吸收液中加入聚乙烯醇磷酸铵可以减低硫化镉的光分解作用。然后在硫酸溶液中，硫化氢和对氨基二甲基苯胺溶液及三氯化铁溶液作用，生成亚甲基蓝。根据颜色深浅，比色定量。主要操作与上述氨的测定相似。详细操作方法参照国家标准，《居住区大气中硫化氢卫生检验标准方法》（GB 11742—1989）。

此外，也可以采用气象色谱法（GB/T 14678—1993）进行测定。试验步骤包括：①采样及样品浓缩；②仪器调试、校准；③绘制标准样品色谱图和工作曲线；④样品分析；⑤结果计算。

### 5.4.3　除臭菌剂的使用与除臭效果评价

以某一除臭试验场为例，对其采用微生物技术进行除臭处理，并采集数据对其进行效果评价。除臭微生物制剂由枯草芽孢杆菌、乳酸菌和光合细菌三者组成。

芽孢杆菌制剂：该制剂由液体深层发酵经浓缩干燥而成，外观呈灰白或淡黄色固体粉末，有效活菌数≥200亿CFU/g。

光合细菌制剂：该制剂由液体厌氧发酵而成，外观呈深红色液体，主要成分为沼泽红假单胞菌，有效活菌数≥50亿CFU/mL。

嗜酸乳杆菌：液体厌氧发酵而成，外观呈褐色，有效活菌数≥10亿CFU/mL。

乳酸菌和光合细菌一般可直接使用，枯草芽孢杆菌使用前需要进行活化。活化过程如下：在150L的大塑料桶内，将枯草芽孢杆菌制剂与自来水混合，制剂与水的混合比例为1∶100（$W/W$），同时加入与制剂同等质量的红糖，搅拌均匀，不时搅拌，活化时间为120min。枯草芽孢杆菌经此活化之后，能达到更佳的使用效果。

制剂活化后，进行适当稀释。每天喷洒1次，连续喷洒20d。选择2个采样点a和b，定期采集样品，进行分析检测。

### 5.4.3.1 对臭气氨的去除作用

由图5-3可知，整体处于下降趋势，前7d下降幅度最大。具体数据：采样点a处的$NH_3$浓度由试验开始时的0.041mg/m$^3$下降到试验结束时的0.014mg/m$^3$，$NH_3$的去除率达65.9%；采样点b处的$NH_3$浓度由试验开始时的0.032mg/m$^3$下降到试验结束时的0.013mg/m$^3$，$NH_3$的去除率达59.4%。试验开始后也是在1周内$NH_3$的浓度降得比较快。

### 5.4.3.2 对臭气硫化氢的去除作用

由图5-4可知，整体处于下降趋势，前3d下降幅度最大。具体数据：采样点a处的$H_2S$浓度由试验开始时的0.016mg/m$^3$下降到试验结束时的0.002mg/m$^3$，$H_2S$的去除率达87.5%；采样点b处的$H_2S$浓度由试验开始时的0.011mg/m$^3$下降到试验结束时的

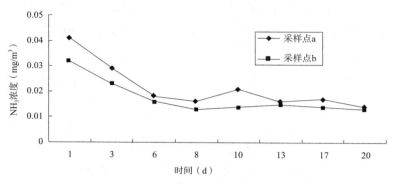

图5-3  采样点a、b处的NH₃含量变化曲线

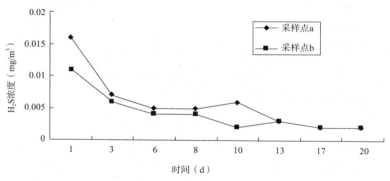

图5-4  采样点a、b处的H₂S含量变化曲线

$0.002mg/m^3$，$H_2S$的去除率达81.8%。

使用臭气控制微生物菌剂后，感官上臭气污染程度显著降低。在喷洒微生物菌剂之前，据工作人员特别是周边居民反映，场内的恶臭令人难以忍受，无论是在晴天还是雨天，臭气均较明显，离开养殖场500m都能闻到臭气。通过喷洒微生物菌剂后，场内外的臭味明显减弱，经过6～7次的连续喷洒后，附近居民反映已基本闻不到臭味。

试验发现，连续喷洒复合微生物菌剂，不仅能有效去除恶臭，而且对苍蝇有非常好的抑制作用。在试验刚开始时，场内、洒水车上均爬满了苍蝇；试验开始后，苍蝇数量明显减少；到试验结束时，场内的苍蝇数量减少了大半，这一结果也得到了周围居民的证实。

### 5.4.4 除臭微生物制剂的安全性

从表5-4可以看出，试验组（微生物除臭）死亡15头、死亡率1.92%，对照组（未进行除臭）死亡18头、死亡率2.6%。结果说明，除臭菌剂对育肥猪的健康及生物安全性没有负面影响，具有安全性。

表5-4  微生物除臭对育肥猪死亡率和日增重的影响

| 处理组别 | 猪群规模（头） | 死亡数量（头） | 死亡率（%） | 日增重（g） |
|---|---|---|---|---|
| 试验组（微生物除臭） | 781 | 15 | 1.92 | 856 |
| 对照组（未进行除臭） | 692 | 18 | 2.6 | 766 |

注：数据来自武汉中粮肉食品有限公司黄陂良种猪场（2015年）。

此外，养殖场除臭试验过程对日增重进行了比较与分析。与对照组相比，试验组平均日增重增加90g。使用除臭剂消除臭味，不仅可以改善养殖环境，而且可以提高育肥猪出栏收益。

# 参 考 文 献
REFERENCES

## 饲用微生物部分参考文献

艾必燕，刘长忠，陈建，等，2012．木薯渣发酵饲料的工艺筛选[J].饲料工业，33（7）：57-60.

谷巍，郭洪新，杨长庚，2007．微生态发酵饲料在断奶仔猪初步应用的研究[J].饲料博览（23）：37-40.

胡新旭，周映华，刘惠知，等，2013．无抗发酵饲料对断奶仔猪生长性能、肠道菌群、血液生化指标和免疫性能的影响[J].动物营养学报，25（12）：2989-2997.

李永凯，毛胜勇，朱伟云，2009．益生菌发酵饲料研究及应用现状[J].Animal Husbandry & Veterinary Medicine，41（3）：90-92.

林标声，罗建，戴爱玲，等，2010．微生物发酵饲料对断奶仔猪生长性能的影响[J].安徽农业科学，38（5）：2378-2380.

刘虎传，张敏红，冯京海，等，2012．益生菌制剂对早期断奶仔猪生长性能和免疫指标的影响[J].动物营养学报，24（6）：1124-1131.

刘辉，季海峰，王四新，等，2015．益生菌对生长猪生长性能、粪便微生物数量、养分表观消化率和血清免疫指标的影响[J].动物营养学报，27（3）：829-837.

陆文清，胡起源，2008．微生物发酵饲料的生产与应用[J].饲料与畜牧，22（7）：5-9.

乔艳明，杨茉莉，陈文强，等，2016．多菌种复合发酵饲料对杜长大育肥猪生产性能的影响[J]．家畜生态学报，37（1）：31-36．

王俊，安莉，2012.乳酸菌发酵饲料对猪生长性能和猪舍环境的影响[J]．饲料工业，33（10）：60-62．

文静，孙建安，周绪霞，等，2011．屎肠球菌对仔猪生长性能，免疫和抗氧化功能的影响[J]．浙江农业学报，23（1）：70-73．

严念冬，李绍章，魏金涛，等，2010．益生菌发酵饲料对生长育肥猪生长性能及部分血液生化指标的影响[J].饲料工业，31（3）：30-32．

张春杨，牛钟相，常维山，等，2002．益生菌剂对肉用仔鸡的营养、免疫促进作用[J].中国预防兽医学报，24（1）：51-54．

张日俊，2005.动物微生态系统的生物防治和营养免疫作用及微生物饲料添加剂的科学使用[J].饲料工业,26（16）：1-7．

Kiyoshi Tajima, Hideyuki Ohmori, Rustam I. Aminov, et al., 2010. Fermented liquid feed enhances bacterial diversity in piglet intestine. Anaerobe, 16: 6–11.

K. Mizumachi, R. Aoki, H. Ohmori, et al., 2009. Effect of fermented liquid diet prepared with *Lactobacillus plantarum*

LQ80 on the immune response in weaning pigs. Animal, 3（5）: 670–676.

SibinBenikah, SimKhengYuen, Shahidur Abdul Rahman，2015. Evaluation of the effect of liquid feed containing novel *Lactobacillus plantarum* Strains from indigenous fermented fruit on the growth performances of broilers. Academia Journal of Agricultural Research, 3（6）: 076–080.

V. Demeckova', D. Kelly, A.G.P. Coutts, et al.，2002. The effect of fermented liquid feeding on the faecal microbiology and colostrum quality of farrowing sows. International Journal of Food Microbiology, 79: 85–97.


## 堆肥微生物部分参考文献

党秋玲，李鸣晓，席北斗，等，2011. 堆肥过程多阶段强化接种对细菌群落多样性的影响[J]. 环境科学，32（9）: 2689–2695.

贾聪俊，张耀相，杜鹃辰，等，2011. 接种微生物菌剂对猪粪堆肥效果的影响[J]. 家畜生态学报，32（5）: 73–76.

李国学，李玉春，李彦富，2003. 固体废物堆肥化及堆肥添加剂研究进展[J]. 农业环境科学学报，22（2）: 252–256.

牛俊玲，李彦明，陈清，2010. 固体有机废物肥料化利用技术[M].北京: 化学工业出版社.

王亮，2012. 牛粪好氧堆肥中微生物多样性及生产应用研究[D]. 北京: 北京林业大学博士论文.


## 粪水微生物部分参考文献

高长明，王定发，吴金英，等，2011. 生物发酵床不同菌种在断奶仔猪生产中应用效果[J]. 上海畜牧兽医通讯（6）: 23–24.

黄慧芳，李成森，覃开民，2015. 一种微动力生物净化污水处理系统: CN 204490683U[P].

刘秀丽，2010. 一种产甲烷菌剂及其制备技术：CN101921707A[P].

蒲中彬，张爱平，赵国智，等，2014. 自制菌与商品发酵菌剂发酵床养猪的对比试验[J]. 畜牧与兽医，46（1）：120-120.

苏雄，郭开源，周军，2002. 微生物净水菌剂及其生产制备工艺：CN1463934A[P].

汪会昌，张帆，李盛世，等，2013. 一种养殖废水过滤净化池：CN203419820U[P].

王彦杰，王伟东，戚桂娜，等，2010. 一种用于沼气发酵的复合菌剂：CN101948752A[P].

魏平，滚双宝，张强龙，等，2015. 不同菌种对猪用发酵床的应用效果[J]. 甘肃农业大学学报，50（6）：18-24.

尹小波，李强，徐彦胜，等，2012. 一种沼气干发酵复合菌剂的制备方法：CN 102559499 A[P].

袁月祥，颜开，闫志英，等，2009. 一种产甲烷复合菌剂及其制备方法：CN101705199A[P].

张闯，叶建敏，李延杰，2016. 浅谈生物菌剂发酵床在奶牛养殖中的利用[J]. 现代畜牧科技（7）：182-182.

养殖环境臭气控制微生物菌剂部分参考文献

包景岭，邹克华，王连生，2009. 恶臭环境管理与污染控制[M]. 北京：中国环境科学出版社.

鲍庆金，2009. 养猪生产中环境污染问题的解决途径[J]. 中国动物保健（1）：30-31.

陈丽园，詹凯，刘伟，等，2011. 除臭微生物在蛋鸡养殖业中的应用研究进展[J]. 家畜生态学报，32（2）：92-95.

冯伟，周晓芬，杨军芳，等，2009. 鸡粪高效除臭菌的组合筛选研究[J]. 河北农业科学，13（10）：86-88.

郭军蕊，刘国华，杨斌，等，2013．畜禽养殖场除臭技术研究进展[J]．动物营养学报，25（8）：1708-1714.

国家环境保护总局，国家质量监督检验检疫总局，2001．畜禽养殖业污染物排放标准：GB 18596—2001［S］．北京：中国标准出版社.

国家环境保护总局，1993．空气质量 硫化氢、甲硫醇、甲硫醚和二甲二硫的测定 气相色谱法：GB/T 14678—1993［S］．北京：中国标准出版社.

国家环境保护总局，2005．空气质量 恶臭的测定 三点比较式臭袋法：GB/T 14675—1993［S］．北京：中国标准出版社.

胡远亮，2014．利用分子生物技术研究益生菌对断奶仔猪生长及粪便菌群的影响[D]．武汉：华中农业大学.

环境保护部，2009．环境空气 氨的测定 次氯酸钠-水杨酸分光光度法：HJ 534—2009［S］．北京：中国环境科学出版社.

李洁，刘继兴，翟殿清，等，2012．恶臭污染及测试方法[J]．北方环境（3）：150-151.

李开锋，杨华，肖英平，等，2015．规模化养殖场臭气的解决方法[J]．饲料研究（21）：6-10.

李艳君，龙炳清，闫志英，等，2013．两株乳酸菌的分离及其除臭性能[J]．应用与环境生物学报，19（3），511-514.

汪英学，2012．复合微生物制剂处理垃圾恶臭气体的研究[D]．武汉：华中农业大学.

薛枫，张波，姚昆，等，2012．不同菌株对猪粪的除臭效果研究[J]．天津师范大学学报，32（4）：93-96.

郑芳，2010．规模化畜禽养殖场恶臭污染物扩散规律及其防护距离研究[D]．北京：中国农业科学院.

中华人民共和国卫生部，1989．居住区大气中硫化氢卫生检验标准方法 亚甲蓝分光光度法：GB 11742—89，GB 11742—1989［S］．北京：中国标准出版社.